借金を返す
マグロ漁船に
乗っていました
菊地誠壱

はじめに

私は元マグロ漁船員です。

親が自営業で借金を抱え、17歳でマグロ漁船に乗せられました。30年以上前の話です。今と違い、当時のマグロ漁船は何でもありのめちゃくちゃな時代でした。借金のカタに乗せられるという都市伝説がありますが、私はまさに借金返済のためにマグロ漁船に乗せられました。親には5000万円の借金があり、家では毎日催促の電話が鳴りやまない状態でした。そんな中で、私がマグロ漁船に乗らなければ家族は暮らしていけなかったと思います。

特に親を恨んでいるわけではありませんが、昔に乗っていたマグロ漁船の夢を見てうなされることがいまだにあります。私にとってはとてもキツい経験で、地獄のような苦しみだったことは間違いありません。

闇金や裏社会とも密接な関係があるマグロ漁船。港では現地の組織との関係が垣間見えます。一昔前の脅し文句といえば「金返せないんだったら、マグロ漁船に

帰港前にマグロ漁船の上で撮った写真

乗るか？」でした。その頃は闇金ルート、ヤクザ経由でマグロ漁船に乗せられるという話も多々ありましたが、そのルートは現在でも存在すると確信できます。

そして、マグロ漁船には労働基準法が適用されず、船員法が適用されるため、超絶ブラック労働を強いられます。投縄《とうなわ》の当番は3日に1度で4～5時間、揚げ縄は毎日12～20時間。15分間の食事休憩が1日4回。睡眠は5～8時間。30年前のマグロ漁船はこのような働き方でした。

余計なお世話かもしれませんが、SNSで「マグロ漁船に乗りたい」とか「一攫千金でマグロ漁船に乗ろうかな」とかいう書き込みを見ることがあります。そのように興味本位でマグロ漁船に近づく方、借金に苦しんでいるけれどマグロ漁船だけは避けたいと思っている方、もう乗るしかないと思っている方。そうした方々に一度、借金のカタに乗せられる延縄《はえなわ》マグロ漁船の世界を是非覗いてみていただきたいと思います。

マグロ漁船の過酷な労働、暴力、人間関係、友情、楽しみ、自殺、軟禁状態……。苦しい環境にただ耐えていればいいというものではありません。ときどき怪我をすることもありますし、危険生物に襲われたり、荒れた海に投げ出されたりする危険もあります。

借金のカタに放り込まれる仕事が楽なわけがないのです。そうした命の危険とも隣り合わせで挑むマグロ漁の実態をご紹介させていただきます。

おそらく、皆さんが思い描くマグロ漁船の姿とは違うと思います。それでも、何かのメッセージとして記憶の片隅に置いていただければ幸いです。今は設備の近代化が進んでおり、外国人の船員が増えるなどの変化もありますが、大きくは30年前と変わらないでしょう。

これからマグロ漁船に乗船しようとしている方にとって役立つ内容になっている

かどうかはわかりませんが、マグロ漁船に何の知識も経験もない素人が乗ると痛い目を見るのがオチです。それでも乗りたいというのなら、近海延縄マグロ漁船から始めることをおすすめしますが、よほどの覚悟がなければとても本業にできるものではないと考えたほうがいいでしょう。

私の経験した3年間のマグロ漁船について、すべてを書きました。私が無事に帰還できたのは、運がよかったということに尽きると思います。それほどまでに過酷で闇が深いマグロ漁船の世界を、どうぞご覧ください。

2022年8月　菊地誠壱

借金を返すために
マグロ漁船に
乗っていました

目次

1章　親の借金

2章 過酷な労働

3章 本当の闇を知る

4章　果てしない遠洋航海

※本書は著者の実体験をもとに制作した作品ですが、プライバシー保護の観点から、一部の地名、人名、船名などを仮名としております。

1章

親の借金

我が家の借金

私が中学の頃、家には多額の借金がありました。

毎日毎日、朝から夜まで電話が鳴るようになり、何か変だな？　と子どもながらに思っていました。両親の顔付きもだんだんと険しくなり、家の雰囲気も重くなっていきました。

私のオヤジは身長が１８０センチ近くある巨漢です。気が短くて、怒るたびに周囲の物を破壊する荒っぽい性格でした。私もよく痛いゲンコツをもらっていました。それは私に向けられるだけではなく、酒飲みのおじさんが酔っ払ってくだを巻いていると、それをぶん殴って乱闘になるようなこともありました。

髪型はオールバック、ヤクザに間違えられるほど強面で、そういう業界の人が好む服装を自分でもしていました。見るからに恐ろしいのですが、筋の通ったところもあり、弱きを助け強きをくじく男らしい面もありました。

そんなオヤジの表情が曇ったり険しくなったりして、子ども心に異変を察知していました。そんなある日、オヤジが家族のみんなを集めました。オヤジの前に、私と弟が固唾を呑んで座ります。お袋はオヤジの隣で思いつめたような顔をしています。

オヤジは腹を括ったような表情で言いました。

「……台風でアワビが流されてから、物凄い借金ができた」

私はもちろん衝撃を受けましたが、最近の家の空気の変化の原因がわかったような気もしました。オヤジは険しい表情で続けます。

「おらいの（うちの）家族は一致団結しなきゃなんねぇ。形だけ離婚するかもしんねえけど、俺たちはずっと家族であり仲間だ。おめーらの力が必要だ」

不安を押し殺したように話すオヤジと隣にいるお袋の悲しい表情に絶望感を覚えました。

（もううちはダメなんだ……）

私は頭が真っ白になりました。

毎日の電話は借金の催促だったんだ。

その日も次の日も借金取りからの電話は鳴り続けます。あまりにも鳴るのでお袋は「出るな」と言って居留守を使い、口をへの字にして首を横に振っていました。

ある日、虫の居所が悪かったのか、オヤジはけたたましい呼び出し音をさせている電話を抱えて「うるせー！」と玄関に投げつけて壊しました。

借金を抱える前、私の家は車を数台保有していて、何不自由ない暮らしをしていました。突然の環境の変化に戸惑い、借金がどこまでも追いかけてくる恐怖と、父と母が離婚するかもしれないという不安で一杯になりました。

私の人生は台風の被害でアワビの養殖が失敗したことをきっかけに大きく様変わりしていくことになったのです。

アワビの養殖業

私が生まれた頃、家族はもともと宮城県の都市部に住んでいました。当時オヤジはタクシーの運転手で、お袋は魚市場の事務員でした。その魚市場は県内でも一番大きいところで、お袋は事務や経理を取りまとめる仕事をしていました。

私は子どもの頃から体が弱く、重度の気管支喘息を患っていました。週に何度も病院に行っても治らず、小児科の先生はいろいろと苦労して治療を行ってくれたそうです。

両親は都会の空気の悪さを気にかけて、喘息持ちの私のためにオヤジの実家へと引っ越すことになりました。そこはかなりのド田舎で、コンビニすらない山と海に囲まれた土地です。海岸から数百メートルのところにある茅葺き屋根の古い家に、おじいさんとお袋とオヤジと私と弟で生活をしていました。

ド田舎なので農家か漁師くらいしか仕事もなく、当時はトラックにホヤを積んで行商していたらしいです。それからアワビの養殖に成功し、養殖業を始めることになりました。

アワビをカゴに入れたセットというものを数十～数百個海に入れ、餌となる昆布を定期的に与えます。育てたアワビを毎日船で取りに行き、自家用車のトラックに積み込んで夜明け前に市場に運び、競りに出して売るという仕事です。

片道2時間かかる大きな市場に運び込むので、なかなかキツい仕事だったのではないかと思います。アワビを船から揚げるのも力仕事ですが、オヤジは一度その作業中に冬の海に転落したことがあると聞きました。オヤジは自力で船に這い上がって、そのまま帰って着替えて市場へ向かったそうです。根性あるなと思いました。

私はよくオヤジの運転するトラックに乗って、一緒に市場へついて行っていました。夜中の3時に起こされて、片道2時間かけて日の出前に到着すると、番号が書かれた帽子を被っている恰幅のいいおじさんに、ブラックコーヒーをもらいます。

そのおじさんは市場の偉い人で、いつもお皿に刺身を盛って醤油をかけて、「うめーぞ、食べていけ」と笑って私に差し出してくれます。

私は刺身よりも肉が好きでしたが、おじさんのせっかくの気遣いだったので、「おいしい。ありがとう」と言って苦笑いしながら食べていました。

オヤジの仕事が終わる朝方9時くらいまで市場の中を探検して、帰りに定食屋で焼肉定食を食べるのが何よりの楽しみでした。市場の定食屋だから当然美味しい。いつも賑わっているお店でした。

毎年、開口というアワビ漁の解禁日になると、地元の漁師さんが大量にアワビを獲ります。そこで獲れたアワビを漁師さんが我が家に売ってくれるので、仕入れにはあまり困らなかったのではないかと思います。

オヤジはアワビの養殖でかなり稼いでいたようです。私がついて行った日で、1日に86万の儲けが出たという話を聞いたことがあります。濡れ手でアワビですね。

そうして我が家は豊かになっていきました。新しい家が建って、コンクリートになった駐車場にはトラックやら乗用車やらが増えていく。これもアワビのおかげだったと思います。

台風でアワビが流される

ある年の12月24日、「クリスマス台風」が吹き荒れ、海は大シケになりました。その日、養殖場にあったアワビのセットのロープは千切れ、ひとつ残らず流されてしまったのです。

朝方、お袋はひどく慌てた様子で、私と弟を起こしました。

「起きろ！　大変なことになった。台風でアワビが全部流された」

両親と一緒にセドリックに乗って防波堤へ向かい、集まってきた近くの親戚と一緒に、船外機のついた船を機械で陸に引き揚げたり、切られたセットのロープやカゴの修復をしたりしました。

会話はほとんどなく、みんな悲しそうな表情でただただ作業に当たっていました。その時の両親の落胆した表情は今でも覚えています。私は大人たちがなぜそこまで深刻そうな顔をしていたのかがわからなかったのですが、普段はまったく涙を見せないお袋まで、今にも泣きそうな顔をしていました。そのとき初めて、これはただ事ではないのだと痛感しました。

優しくて働き者のお袋は、私がオヤジに怒られて叩かれるのをいつも必死にかばってくれていました。

市場で仕事をするオヤジは夜中に起きて昼間は寝ているのですが、私がたまに弟を泣かせると、ひどく機嫌を悪くした父が「うるせーな！　何やってんだ」と寝室からすっ飛んできます。木刀で叩かれるだけでなく、テレビをぶっ壊されたこともあります。

そんな荒っぽいオヤジから私をかばってくれたのがお袋でした。

「もうやめて！」

そう言って床に転がる私の上に覆い被さって、私の代わりにお袋が木刀で叩かれたことも何度かありました。

そんな打たれ強くしたたかなお袋が、弱々しく目に涙を浮かべるのですから、明らかに非常事態です。具体的に借金のことは聞かされなかったのですが、最近知ったところによると、ここで1000万円の借金を背負うことになったそうです。

それからオヤジは悔しそうに独り言を言うようになりました。

養殖用水槽のイメージ

「なぜもっと早く水槽を作らなかったんだ！　俺は甘かった！」

そしてオヤジは家の敷地内に、アワビを育てるための水槽を置いた施設を建て始めました。オヤジが突然奇妙なものを作り始めたと、私は驚いていました。

施設の中には10メートルくらいの水槽が2つあり、その中にアワビを入れたカゴを何個も吊るして養殖します。海に設置するセットに比べたら養殖できる数もだいぶ少なく、無駄にお金がかかっているという印象でした。

思えばこれが破滅への第一歩だったのでしょう。

さらに、水槽に海水を引くため、海から

の数百メートルを重機で掘ってパイプラインを作るという大がかりな工事も行っていました。個人がそんなことやって大丈夫なのか？　と私は不安を隠せませんでした。

そして、海水の塩分が足らないので、塩分を補う機械を新たに導入しました。最悪なことに、水槽の設置費用と流されたアワビの借金を足し合わせると、合計5000万円の借金になったそうです。

突然の事業転換

ここまで借金が膨れ上がり、どうにもならない状態になると、両親の行動もおかしくなっていきます。オヤジは昼間、長靴を履いて海に出かけたかと思うと、ただ歩いて帰ってくるというのを繰り返していました。近所の人からは、あの家の父親は昼間から何もせずに遊んでいると言われていたらしいです。しかしオヤジいわく、これからどうしていくか、生活をどう立て直すかを模索しながら海まで歩いていたそうです。

近所に住んでいる親戚のおじさんがマグロ漁船の船会社社長で、連帯保証人の一人になっているので、今後どうやって借金を返済していくのかと揉めていて、とにかく大変でした。

とりあえず生活はしないといけないのですが、毎日借金の取り立ての電話があり、催促続きで夜も眠れない日々が続いていたようです。両親は本当に大変な思いをしていたんだと思います。

そして周りからの目を気にしていた両親は、新しい事業に手を出そうとしていました。

ある日、家の敷地に変な建物が作られ始めたので、お袋に聞いてみました。

「何この建物？」

「うちで民宿をやるんだよ」

「民宿？　はあ？　無理だろそんなの」

アワビの養殖業から民宿へと事業変更するというのです。確かに隣の地区には、キャンプ場もあって海も近いからか、民宿もわりとありました。でも、また新しいことをやって失敗するのではないかと不安でした。

「でもお袋、お膳とか作れるの？」

「大丈夫」

お袋は自信満々にそう答えました。

オヤジは事業を民宿に変更するための事業計画書を役場に提出したそうですが、この事業計画書を書くというのが本当に大変だったといつも話していました。

「この事業計画書を書いてそれを通せたのは、この町でも俺ぐらいなもんだ！　こんなことできるのは俺ぐらいなもんだ！」と、武勇伝のようにドヤ顔で自慢していました。

私自身、少しグレていてどうでもよくなっていたのと、私の同級生にも民宿の息子がいたこともあって、民宿を始めることにあまり危機感を持っていませんでした。ともかく、民宿を経営しながら借金を返す生活が始まりました。


民宿をやるにしても、うちはかなりの田舎です。最寄りの無人駅までは車で30分、大きな街に出るには2時間かかります。こんな辺鄙なところにお客さんなんて来るんだろうか？　私は半信半疑でした。

するとある日、大型の免許を持っているオヤジが大型バスを買ってきて、お客さんの送迎をするようになりました。主に来るのは企業の団体さんで、週末に泊まって宴会をやっていることが多かったです。

民宿は瓦屋根の和風建築で、なかなか豪華な作りでした。地元の地名からとった○○荘という名前です。海に近いので、お膳はタラバガニやアワビなどの海の幸を使った料理です。朝から船を出して料理に使う魚を釣ってくるのは、近所に住む親戚のおじさんがやっていました。

民宿では船釣り体験もできて、それ目当てで来るお客さんも多かったみたいです。それなりの大きさのアイナメやヒラメ、カレイなどが網にかかるのでお客さんも楽しめるし、そのぶんで4000～5000円くらい稼げるので、船を出すおじさんも儲かるというものです。

宴会場にはカラオケのステージやプロジェクションテレビが設置されています。民宿の隣に本宅があるのですが、週末になると大宴会が行われて、カラオケの音やら酔ったお客さんの声やらがすごくうるさかったのを覚えています。

さらにオヤジは、家の駐車場を壊して民宿の隣にスナックを作っていました。オヤジの妹のおばちゃんがママをやっていて、さらに数人の熟女を集めて芸者として働いてもらっていました。お客さんは宴会が終わるとスナックに行って遊ぶわけですが、田舎のわりに賑やかだなと子どもながらに思っていました。

送迎はオヤジ、魚はおじさん、スナックはおばちゃんと、親戚が協力して効率よく回しているものだから、行動力に驚きました。

スナックを出してからしばらくして、オヤジのもとへ近所のスナックのマスターが嫌がらせに来たようですが、見た目からしてヤクザにしか見えませんでした。それでどういうわけか話は収まって、そのヤクザを民宿のスナックへ連れ込んでいました。実はうちのオヤジも義理のおじいさんが元ヤクザの親分なのですが、そういう話を出したのだと思います。

昔、オヤジから借金をした人が稲川会に入って借金を踏み倒し、オヤジが義理のおじいさんの組の3代目組長さんに相談して借金を取り立てたというトラブルもありました。そのこともあって、オヤジは何かあったらその組に相談し話をつけるという手段を考えていたと思うので、ヤクザに絡まれても特に怖くなかったのでしょう。

そして何年か時は経ち、私が高校生になったあたりから、民宿の経営が危うくなっていました。たまたまドライブで来る2人組とかから「部屋空いてますか?」と言われても、お袋は「すいません、やってないんです」と答えていました。

「なんで泊めないの？　民宿どうなってるの?」

「1人とか2人では泊められない」

お袋は険しい顔でそう言っていました。街から遠く離れたド田舎であるうえに景気も良くなかったので、こんなところまでお客さんがあまり来ないのも当然です。

今思えば民宿なんて火に油を注ぐだけの無謀な事業転換だったのですが、両親もそれは承知のうえであえて実行に移したんだと思います。やはり周りの目とか、いろいろあったのでしょう。

高校を1年で中退

私が住んでいたところはヤンキーも多く、治安の悪い街でした。私も小6のときに剃り込みを入れた中学生数人から袋にされたり、いとこの安広くんも大人になってからヤンキーと揉めて袋にされて病院送りになったりしています。安広くんの弟の秀樹ちゃんは不良でしたが、袋にした頭の弟にヤキを入れたりもしています。

小6で街にハンバーガーを買いに行っただけで絡まれる。夜のコンビニはチンピラやらヤンキーやらのたまり場。そんな環境で育った私もまた不良になり、中学の時に地元の高校生と5対5のタイマンとか喧嘩とかをしていました。

そんな事情もあって、地元の高校には行くに行けない状態でした。そして、あえて地元から離れた農林高校を選んだのです。農林高校もヤンキーが多くて共学だったので楽しかったです。

私も中学時代から短ラン、ドカン、リーゼントというスタイルでいろいろと悪さをしていたのですが、それは農林高校に入ってからも変わらず続いていました。

この頃の私は高校に行ってはいましたが、悪さばかりして停学を食らい、たびたび親が呼び出されているような状態でした。タバコが何度も見つかって、そのたびに坊主頭にされていました。

1度目は女子トイレで女の子とタバコを吸って現行犯で捕まり、坊主になって停学、自宅謹慎。2度目は水産高校の友達と電車のトイレでタバコを吸っているのを、電車で張り込みしていた水産の暴力教師に見られて連行されました。それでまた坊主で停学です。

「またオヤジに怒られる……」

そんなことを考えているうちに、高校を退学しようと思い立ちました。

学校に謝りに来させてもオヤジは納得しないし、坊主頭にされるのも嫌だし、学校に行っても早弁して寝ているだけで勉強なんかしなかったので、高校なんか辞めても問題ないと勝手に思っていました。

怒ったオヤジは何よりも怖いし、オヤジを納得させるには高校を中退して働くしかないと覚悟を決めたのです。

「バカヤロー！　何度も何度も、何しに学校行ってんだ！　もう辞めちまえ！」

「ああ、俺、もう高校辞めて働くから」

「……わかった」

そう言ってオヤジは私を睨みつけました。とりあえず自分なりに急場はしのいだと思いました。

マグロ漁船乗ってくれ

この後の展開は早かったです。

高校を中退してすぐ、オヤジが仕事を持ちかけてきました。

「マグロ漁船乗ってくれ！」

オヤジはニコニコしながら言いました。高校は辞めたけれど立派に働き口も決まってよかったな！　という気持ちでいてくれていたのだと思います。それに、借金を返すのにこんなに稼ぎのいい仕事は他にありませんから。

オヤジのお兄さんに、たかしおんちゃんという人がいます。頭は禿げ上がっていて、酒焼けで顔の黒くなったおじさんです。うちに来るといつも、アワビとかをつまみにリザーブか何かのウイスキーをロックで飲んでいます。なんでこの人に酒を出すのだろう？　といつも不思議に思っていました。

「おう！　小遣いだ！」

たかしおんちゃんは酒焼けした顔でそう言ってお小遣いをくれるので、私の中ではいい人でした。マグロ漁船の仕事が決まった日もうちにいて、５０００円もらいました。

というのも、マグロ漁船の仕事を持ってきたのはおんちゃんです。実はおんちゃんの職業は近海マグロ延縄《はえなわ》漁船の漁師でした。

だからお金を持っているんだ！　私はやっと理解しました。ただ、独り者のおんちゃんはスナックとかにお金を溶かしていて、たびたびうちのお袋からお金を借りるというどうしようもない一面もありました。

「よし！　マグロ漁船行くか！」

おんちゃんはリザーブをロックで飲みながら、私にそう言いました。

マグロ漁船がどんなものかはあまり深く考えていませんでしたが、おんちゃんの言うとおりに仕込み屋に行き、漁船で働くにあたって必要なものを買いそろえることになりました。オヤジはお袋と一緒にわざわざ車で2時間かけて港まで来てくれました。

大きな港の近くには仕込み屋が並んでいて、仕込み金（道具代）としてもらった

10万円でいろいろなものを買いました。揚げ縄用のエプロン型カッパ、投縄用のズボン型カッパ、厚めの上着と薄めの上着を1着ずつ、ゴム手袋、軍手、インナー、厚手の靴下、大量のタバコ、大量のカップラーメン、大量のジュース、洗濯用洗剤、物干し……とにかく言われるがままに10万円分を購入しました。

初めてのマグロ漁船・長福丸

初めての仕事は、マグロ漁船への餌積みです。

その日港に呼ばれて向かうと、たかしおんちゃんはもう着いていました。

「おはよう」

おんちゃんにそう挨拶した後、船員さんたちと顔合わせすることになりました。

「おはようございます」

「おはよう！」

みんないかにも漁師といった感じの出で立ちです。

甲板長《こうはんちょう》は「ボースン」と呼ばれ、船の甲板《こうはん》の上でのさまざまなことを取り仕切るマネージャーのような役職です。船長は舵取りなどの船の操作全般を行う人で、船の中のナンバー2のポジションです。この2人のことはよく覚えていますが、他の人は正直なところあまり印象に残っていません。

「おはよう！　よろしくな！」

ボースンが大きな声で挨拶してきました。パンチパーマでいかつい顔をしていて

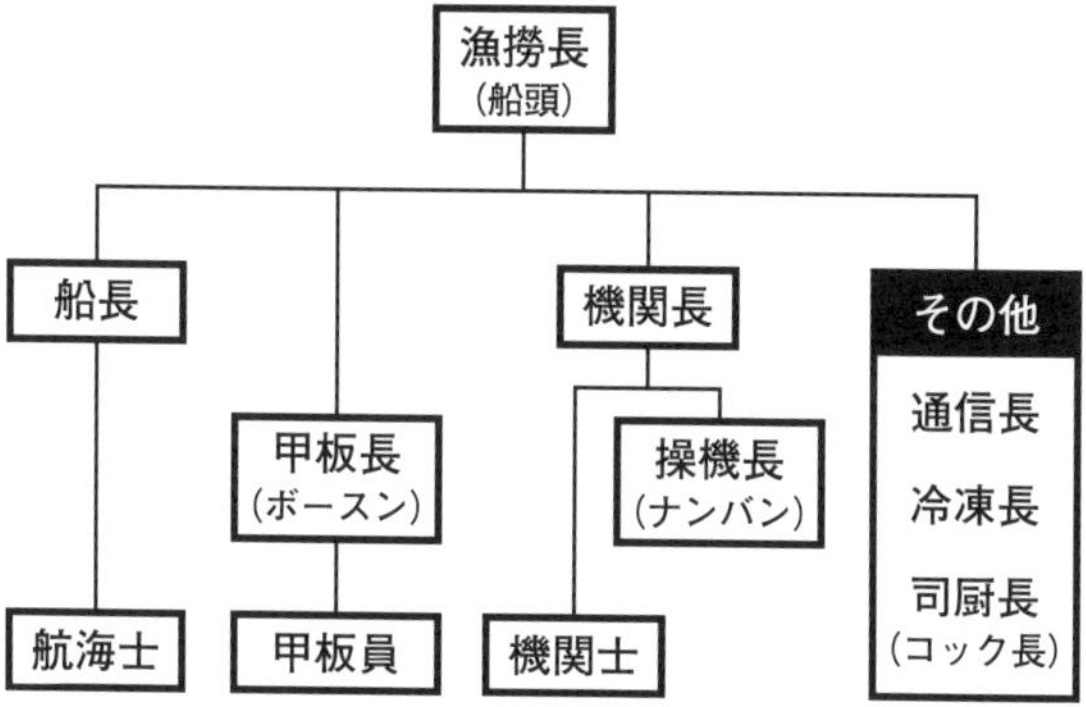

漁船の組織図

体格のいい人だったので、直感的に逆らってはいけない人なんだと思いました。

「おはよう、よろしく」

次に船長が挨拶してくれました。地味で口数が少なく、渋い人という感じの漁師さんでした。

この日は餌積みといって、1か月分の餌となる冷凍のサバとアジをひたすら船に積み込む作業をしていました。結構な重労働でした。

そしてその後は仕込みといって、今度は自分の1か月分の荷物を船に積み込みました。

仕事道具とか寝具とか、初めての航海に必要なものだけ船に積み込んだ記憶があります。カップラーメンとかタバコとかは冷凍庫にまとめて積み込みました。喘息があるので今はもう何十年もタバコを吸っていませんが、当時は最低でも1日1箱吸っていましたし、タバコは大事なストレス発散でした。

そのうちビデオデッキとか小型テレビとかを持ち込むようになるのですが、このとき娯楽道具は何も用意していませんでした。他の人が持ち込んでいるのを見て真似をしたくなり、この次の航海あたりからビデオデッキを持っていくようになりました。

今回はテレビもラジオも本も何もない状態でした。まあ、マグロ漁船に乗るのに娯楽なんかあるわけないか。当時私はそう思っていました。船酔いに慣れ、仕事に慣れるまではそんなものはいらない、と思っていたのかもしれません。

このとき初めてマグロ漁船の船室を見たのですが、不安と恐怖でとても嫌な気持ちになったのを覚えています。まだ出船すらしていないのに、この中で生活すると思うと憂鬱でした。

餌積みも仕込みも終わったし、もう逃げられないんだ。そう思いながら出船の日を迎えました。

親父の運転するセドリックに乗り、お袋と3人で港に向かいました。あのときの恐怖は今でも忘れられません。本当に嫌でした。

港に着くと、農林高校の同級生の女の子たちが見送りに来てくれていました。いわゆる不良少女たちです。本当に嬉しかった。美和とマキコは同級生の中でも可愛かったです。

「せー、行ってらっしゃい！」

笑顔でそう言ってくれました。女の子が何人も見送りに来たのはこれが最初で最後でしたが、これだけでも嬉しくて、しばらくこの光景は目に焼き付いていました。

さらに、同級生の男たちが50ccの単車にまたがり5～6人現れました。農林高校の1年をシメていた不良の親友Mと、その仲間です。これも嬉しかったです。Mは小柄な男ですが筋肉モリモリで顔がイカツく、この日もリーゼントにしていました。喧嘩が強くて男気のある親友です。

「せーちゃん、ニンニクラーメン皆で積んだからな！」

カップラーメンを1箱プレゼントしてくれたのですが、これは出船のときの習わ

マグロ漁船（写真提供：iStock）

しみたいなものです。17歳の高校生がこんなことしてくれて、本当にありがたい気持ちでいっぱいでした。

そうこうしているうちに、そろそろ出船の時間がやって来ました。私はつなぎを着て、両親や同級生たちにしばしの別れを告げました。出船の音楽が流れます。おそらく軍艦マーチだったと思いますが、そこでみんなが手を振ってくれました。

私の同級生はみんなバイクに乗って、コールをかけながら港の端まで追走してくれました。

ブオンブオンブオンブオンブオンブオン！

みんなのコールが鳴り響いて、ちょっと泣きそうになったりもしましたが、とても嬉しくて、今でも忘れられない思い出です。

こうして最初の出船を果たし、いよいよマグロ漁船での生活が始まりました。

コック長のおんちゃん

たかしおんちゃんと一緒に船に乗ったのですが、おんちゃんが全然船のオモテに出てきません。オモテというのは船首にある広場のようなところで、主にここで縄を巻き揚げたり、釣った魚を解剖したりします。反対に船尾のことはトモといい、投縄をする場所です。

おんちゃんがオモテに出てこないのは、コック長だったからです。マグロ漁船には必ず一人コック長が乗ります。主に飯炊き係で、オモテに来るときは「ご飯だよ！」とみんなを呼ぶときか、ブラン手繰り（↓63ページ）を手伝うときくらいです。時間のかかる投縄のときは交代して、前の番の人をご飯に行かせます。

生まれて初めて仕事をする17歳の私にしてみたら、マグロ漁船で過ごす毎日はとても不安だったわけですが、そんなとき頼りにしていたおんちゃんがコック長でオモテに出てこないというのは本当にガッカリしました。マグロ漁船という戦場に投げ出されている中、ベテランのおんちゃんには何も教わることができません。（まったく使えないおんちゃんだわ。これじゃ一人で来たみたいなもんだ）

一人でそう嘆いていました。

とはいえ、おんちゃんが料理上手だったことには驚いて感心していました。煮魚や生姜焼きの定食から、カレーライスやハンバーグなど、和食でも洋食でもなんでも作ります。船員が食べ飽きないように、いろいろな料理を作ってくれるのです。

私が知っているおんちゃんといえば、いつも人の家で寝ていてだらしない、飲んだくれのおんちゃんでした。オヤジはおんちゃんのことを「たかしは酒ばっか飲んで独り者で、どうしようもないんだわ」と呆れた顔で言っていました。

でも、仕事ぶりを見て本当に驚きました。こんなにおいしいものを作れるなんてすごい！　とちょっと見直しました。コックとしての腕前もあるなら独り者でもやっていけるよね。オヤジよりすごい人かも？　とさえ思ってしまいました。

オヤジはこうも言っていました。

「たかしは船頭やらないかって言われたこともあるんだよ！　でもたかしは臆病だから断ったんだ！　まったくダメなヤツだよ」

たしかに船頭になるというのはすごいことで、なろうと思ってなれるものではありません。船頭は船のトップで、１航海の売り上げ予算を背負ってマグロやメカジキを取りに行く最高司令官です。オヤジはけなしているつもりだったようですが、今思えばおんちゃんはやっぱりすごい人でした。

一緒に乗っていたときは、おんちゃんのことを大したことない人だと勝手に思っていましたが、コック長としての料理の腕は確かだと当時から思っていました。

周りの船員から「おめのおんつぁま（お前のおじさん）、酒飲みだな〜」とか「大してうめぐねえな（美味くないな）、飯」とか聞くたびに、頭に血が上ったのを覚えています。「おんつぁまから仕事おしらいろ（教えてもらえ）！」と皮肉を言われたりもします。マグロ漁船の1年生なんてそんなもん、殴られないだけまだマシだと自分に言い聞かせていました。

居心地の悪い船内

船内の部屋を簡単に説明すると、まず船内にはサロンと呼ばれる食堂があります。テーブルと長椅子2つが設置されていて、テレビがついています。そこでお茶を飲んだり食事をしたりします。休憩室兼食堂みたいな感じですね。中にはタバコを吸っている人もいます。

サロンから階段をかがんで降りると、全員分の寝台が並んでいます。カプセルホテルみたいな感じの広さだと思ってください。端っこに私の寝台があり、隣では甲板長のボースンが寝ていました。

長さ180センチ、高さ80センチくらいで、かなり天井が低く圧迫感があります。寝返りを打つのがやっとの幅で、寝台から足を出さないと狭くて座ることはできません。

休み時間になるとサロンに数人集まって、みんな雑談したりテレビを見たりくつろいだりしているのですが、1年生の私は寝台から出ずに引きこもっていました。

というのも、おんちゃんが怖い顔をして「せー、ちゃんとやれよ！」「何！　おめー

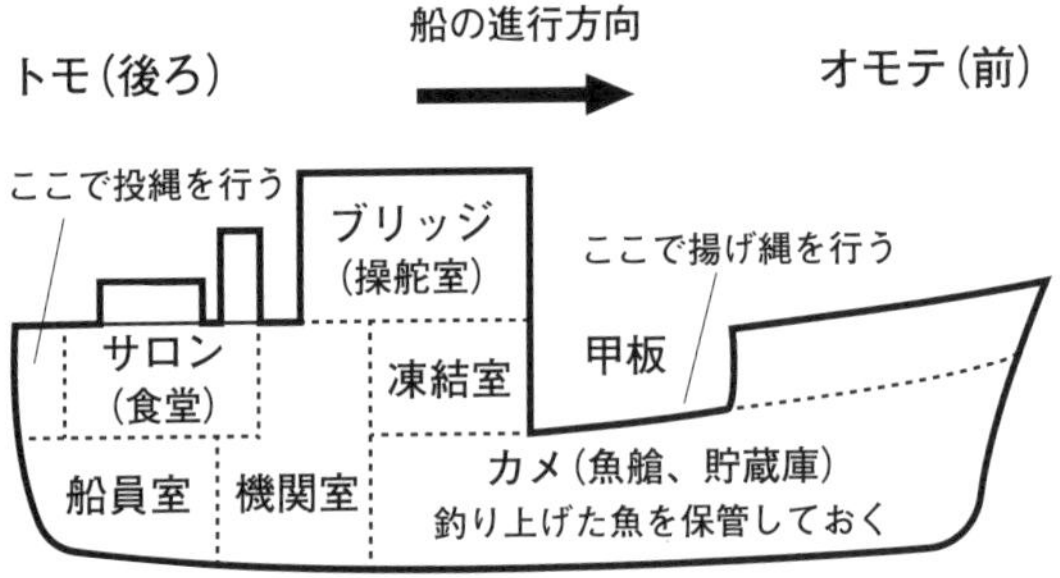

マグロ漁船の船内図（遠洋の場合）。近海マグロ漁船の場合は凍結室はなく、釣った魚はカメで氷漬けにして保存される。

10年早えーわ！」とか人前で注意してくるので、たまらなく嫌だったのです。サロンに行ってもぐちぐち文句を言われるのはわかりきっているので、行かないほうがいいと思っていました。

当時は仕事も覚えるのも大変で、おんちゃんに毎日怒られるし、他にも嫌な感じの人もいるし相談もできない状態で本当につらかったです。

今でこそおんちゃんには本当に感謝していますが、当時は「コック長なんてほぼほぼ飯炊き係のくせに。船員としては別に尊敬してねえわ」なんて思っていました。

こんな環境で1か月暮らすのは本当に

最悪だと思いました。今でもマグロ漁船のサロンとか寝台とかを動画で見ると、トラウマで憂鬱になってしまいます。

初めのうちは絶望で全然眠れなかったのですが、徐々に操業に慣れ始めると、クタクタに疲れて爆睡するようになりました。

いくら悩みや愚痴を言ってもしょうがないと思って、必死に耐えていました。近海マグロ漁船で本当に良かったと思います。こんな状態が遠洋で1年とか続いていたら持ちません。

さらに地味につらかったのがエンジン音です。ゴゴゴゴゴ……というエンジン音が耳障りでたまりませんでした。

機関室というエンジンに関する部屋があって、そこには必ず操機長たちがいます。エンジンワッツ（ワッチ）という点検を行い、油をさしたり日誌をつけたりするのが主な仕事のようです。ここは物干しがあって、洗濯物を干す場所としても使っているのですが、うるさい上にものすごく暑くて嫌になります。独特の匂いも嫌でした。

それから、船酔いにはかなり悩まされました。

船なので当然揺れが酷いのですが、私は船酔いが1週間続きました。夜な夜な寝台からサロンへと階段を這って上り、投縄の人たちが仕事している中で2階のトイレに行って、ゲーゲー吐いていました。

一度、寝台の中で毛布の上に大量に嘔吐したことがあって、隣で寝ていたボースンが顔をしかめながら心配そうにしていました。

「吐いたのか？　大丈夫か？」

「大丈夫じゃないっす……」

私は顔面蒼白で答えるのもやっとでした。

地元の港の漁でタコ釣りというものがあって、大きな鉤《かぎ》にサンマをまるまる2匹くらいつけた仕掛けを使って、船で少し沖に出て釣ります。このタコ釣りに行くと毎回船酔いをします。まあ酷いものでしたね。それを思い出して、「これじゃ毎日タコ釣りだわ」と嘆いていました。

ろくに仕事ができない

いよいよ私もマグロ漁船の操業を手伝うことになりました。

ジリリリン！　ジリリリリン！　と大きな音が船の中のスピーカーから一斉に響いてきます。これはスタンバイといって、揚げ縄スタートの合図です。真っ暗な夜のうちに投縄を行い、餌を入れた仕掛けを海に投げ入れるのですが、揚げ縄はそれを巻き揚げる仕事です。

海に浮かんでいて信号を出している大きなブイ（ラジオブイ）にアンカーを投げて引っ張り、ラインホーラーという装置にかけて縄を巻き揚げます。

この縄に仕掛けがついていて、それに魚がかかっていれば引き揚げて、解剖してカメ（貯蔵庫）に入れます。手が空いている人は仕掛けのブラン（枝縄）を綺麗に巻いて、また夜にすぐ投縄ができるようにしまっておくという作業工程です。

また、ときどき縄が切れてしまうことがあるので、切れたら近くのラジオブイまで船を走らせて、ラジオブイの信号をもとに縄を探します。回収できたらブイにアンカーを引っ掛けて、縄をラインホーラーに巻いて操業再開するという流れです。

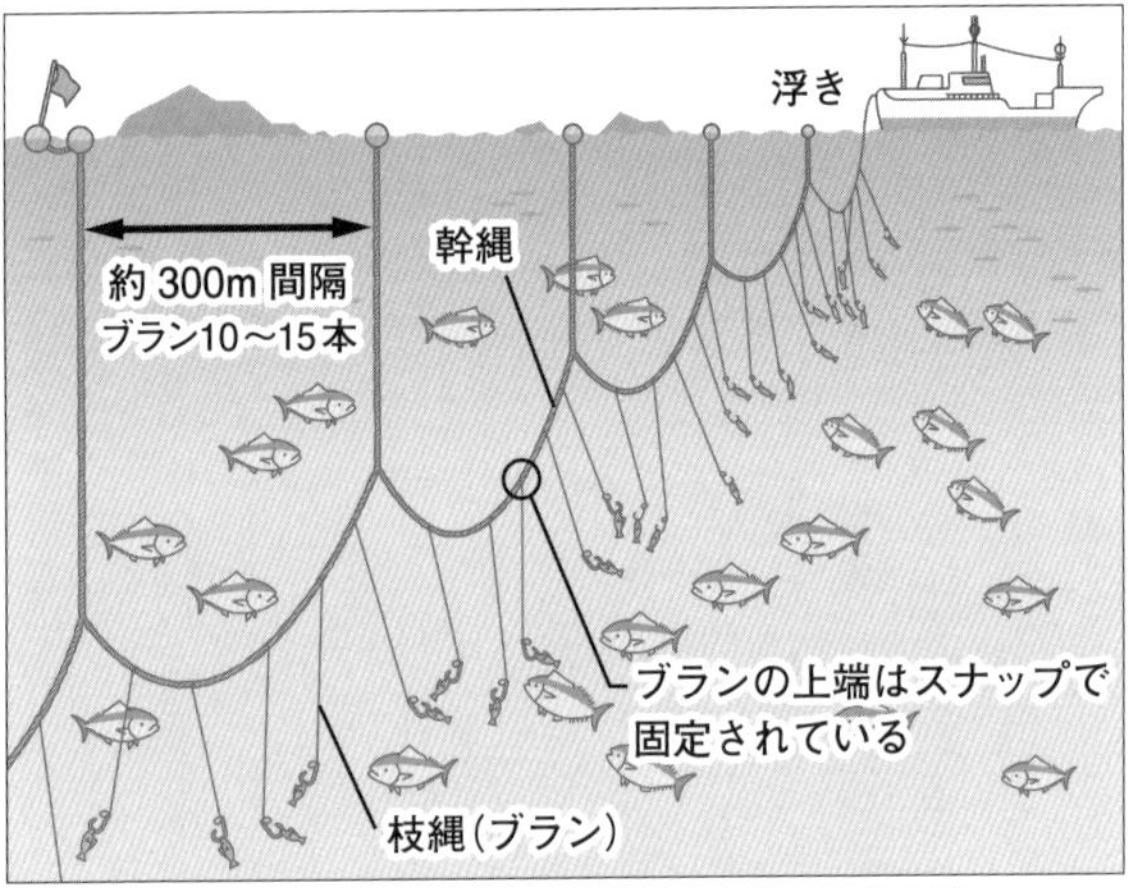

延縄漁の仕組み（画像提供：農林水産省）（一部改変）

縄が切れると回収が大変なので、縄の傷をチェックする仕事もあります。

私は初めてなので、カッパを着て長靴を履いてヘルメットを被ってからは、フラフラしながら仕事を見ていました。まずは魚を引っ張り上げろと言われたので思い切り縄を引いてみましたが、ろくに持ち上げられません。とてつもなく重いのです。

サメがよく釣れるのですが、1人では引っ張れません。なんせ力がないし、サメのほうもワニのように巨大で重いのです。

そこで縄を腕に巻きつけて引っ張ろ

うとしたのですが、「馬鹿野郎！　海に引きずり込まれるぞ！」と怒鳴られました。そりゃそうだ。魚は力があるから、腕に巻きつけたら海に引きずり込まれて一巻の終わりです。綱引きのように引いてみても、最初のうちは全然引けませんでした。

一番苦労したのは、スナップ外し（↓60ページ）です。船の上で一番多かった作業でもあります。ブランの上端はスナップという金具で固定されています。スナップは優れもので、前に押すように握ると簡単に外れますが、引っ張ろうが何しようが絶対に外れません。

縄を巻き揚げるとこのスナップがものすごいスピードで次々と上がってきます。これをラインホーラーを操るハンドル担当の人が巻き揚げ速度を調整していちいち止めて外す……なんてことはしません。全速力で巻き揚げていきます。

慣れれば飛んできた野球のボールを打つような感覚で簡単に外せるのですが、初心者にとっては至難の業です。まず速すぎて見えないし、怖い。こんな感じで1か月間まったく歯が立ちませんでした。

でも、これができないとマグロ漁船の上では使い物になりません。1日のうち12

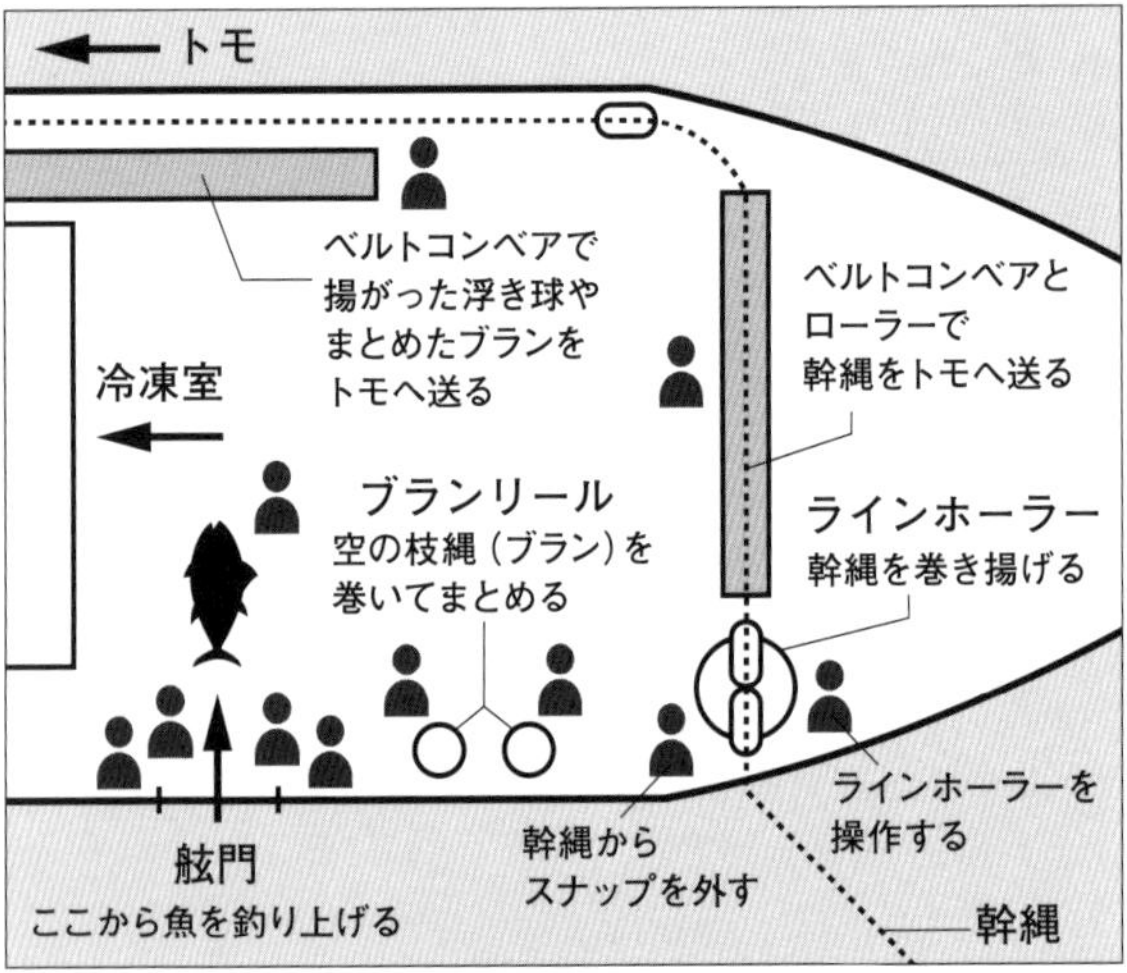

揚げ縄の様子

時間はほぼほぼスナップ外しとブラン手繰り（→63ページ）が仕事ですから。

近海マグロ漁船は遠洋マグロと違って、とにかくシケに見舞われます。

私は最初のうちは、真っすぐ立つことすらできませんでした。波が来るたびフラフラ、フラフラ、そして転ぶ。そのたびに「何やってんだこの！」と船員さんに怒鳴られていました。

たまに船のオモテにあるマストを越えて大波が来ると、ドドーンと突き上げるような衝撃が来て、波がザーッと上からも横からも入ってきます。そうするとブリッジ（操舵室）で舵を取っている船長か船頭がジリリリンと警報器を鳴らしてくれるので、船にしがみつきます。船長やボースンが「掴まれー！」といつも叫んでいました。

波で体が吹っ飛ばされることもあるので、ヘルメットも必須です。このような大波で大西洋やらケープタウンでは7人が波でさらわれて消えたという話も聞きました。本当に命がけでしたね。

船長が海に落ちた

ある日、甲板で大きなメカジキが暴れていました。

私は少しずつ雰囲気にも慣れ始めてきた頃でしたが、相変わらず何もできないので遠目に見ていました。

「デカい！　頭が車のボンネットくらいあるぞ。なんだこれは！」

なかなか揚がらない！　尖った鼻で刺されたり頭を叩かれたりすると重傷を負うので、暴れないよう鼻を掴むのが正しいのですが、鼻を持っている船長がグラグラ揺らされているのがわかりました。だから船長も必死です。

しかしその後、ドボーン！　と船長は一回転しながら海に投げ飛ばされました。メカジキの鼻は離すに離せないので、私でも海に落ちたでしょう。

「海に落ちたぞ！」

船内は大騒ぎになりました。カッパに長靴にヘルメットという格好で海に落ちましたが、今みたいに救命胴衣はつけていません。いつ沈んで溺れるかわからない状態でした。

カジキ　©dominic sherony, CC BY-SA 2.0, 2007

「ブランを投げろ！」

みんな焦りながら、一斉に仕掛けのブランを船長のほうに投げました。そのうちの何本かが船長のそばに届き、船長が冷静にブランを掴むとすぐに引き上げられました。

本当に怖かった！　とにかく無事でよかった！　心からそう思いました。後で私が船長のもとへ行くと、船長はシャワーを浴びたあと、筋肉質な体にタオルを巻いて笑っていました。

「びっくりしたか？　ガハハハハハ」

すごい人だなと思いました。シャチが来たらどうするんだ？　とちょっと怖くなりました。

サメの解剖

初めての船では、仕事中はボースンからいろいろなことを教わっていました。ボースンは身体も大きくてパンチパーマで顔も怖いのですが、性格は優しくて、常に中心にいる司令塔みたいな感じでした。

大波が来ると私を引っ張って「掴まれー！」と言って船に掴まっていましたが、ボースンは少しふざけていましたね。笑っていましたから。

マグロ漁船にはルーティーンのような決まりがあって、休憩から帰ってくると解剖の仕事をやらなくてはいけません。ブランを手繰る仕事が主ですが、その順番が来るまで3人くらい待機しています。順番待ちの人はマグロが釣れたら手分けしてマグロを引っ張り、鉤をかけて解剖まで行います。

マグロ漁船ではオールマイティにあらゆる仕事をこなせないと一人前とは認められません。何かできない仕事がある人間は半人前とみなされ、8分（8割）の給料しかもらえません。当然私も8分でした。

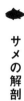

ヨシキリザメ　©Diego Delso, CC BY-SA 4.0, 2020

近海マグロ漁船ではとにかくサメが釣れます。大型のヨシキリザメがバンバン釣れるのでサメも解剖して、頭と内臓を除いてカメに入れておきます。ボースンがいつも包丁を持ってサメを解剖していたのを覚えています。

この船ではサメが来ると、大きな木のハンマー（カケヤといいます）を持ってきて、頭を叩きます。ドーンドーンと叩くと、サメも目をキョロキョロさせながら回転して逃げようとします。

私はこの仕事を与えられました。初めての担当はサメ殺しです。サメが来るとボースンは出刃包丁を持って、もう１人がカケヤを手にして頭を殴りつけます。

「おりゃー！」

ドーン！　と一撃を与えますが、一度では効きません。サメも目を回しながら逃げるので何度も打ち付けます。そうして弱ったサメの頭をボースンが切り落とし、解剖を始めます。

「ちゃんと見てろよ」

ボースンはそう言うと、まず腹を切りました。真っすぐ綺麗にすーっと出刃を入れます。その後内臓の付け根を切って水をかけると、空いている人がデッキブラシでごしごしサメの腹の中を洗います。

ちなみにサメは頭だけになっても人を噛むので、顔を人に向けて投げては絶対にダメです。目玉に指を入れ、口を外側に向けて海に投げ込むのが正しいのです。

「さあやってみるか！」

パンチパーマのボースンがいかつい顔で笑いました。今度は私の番です。

「おりゃー！」

サメが釣れたので私はカケヤで頭を叩いてサメを弱らせ、出刃包丁を持って恐る恐る背後に回り、頭を切りました。ノコギリのように何度も引いて、やっと切り落とせました。サメの頭は硬いのです。解剖はなかなか綺麗にはできませんでしたが、何とかできたので満足でした。

「今日からお前はサメ担当な」

ボースンは笑ってそう言いました。

「はい！　わかりました」

こうして私はサメ解剖を任されることになりました。

最初の難関・スナップ外し

先ほども言いましたが、スナップ外しは甲板の仕事の中でもかなりの割合を占めます。仕事の7割くらいはスナップを外しているように感じます。

スナップを縄から外せないと、スナップが縄と一緒にラインホーラーに巻かれてしまう。すると、ブランの先端についた針が飛んできて非常に危険です。

スナップも外せない人は役立たずとみなされます。言うまでもなく船員はみんなスナップを外せます。

ラインホーラーを操るハンドルの人がいちいち縄を止めることなどありません。それは効率が悪いから、そして寝る時間が無くなるからです。ノンストップで巻かないと野次が飛びます。止められると「いいから早く巻け！　何してんだ」とか怒る人もいます。もつれといって時々縄がクシャクシャに絡まることがあるのですが、それがない限りは止めずにバンバン巻いていくので、こっちもスパンスパンと外さなければいけません。

スナップを外してブランを手繰ればとりあえずは仕事ができるのですが、私は

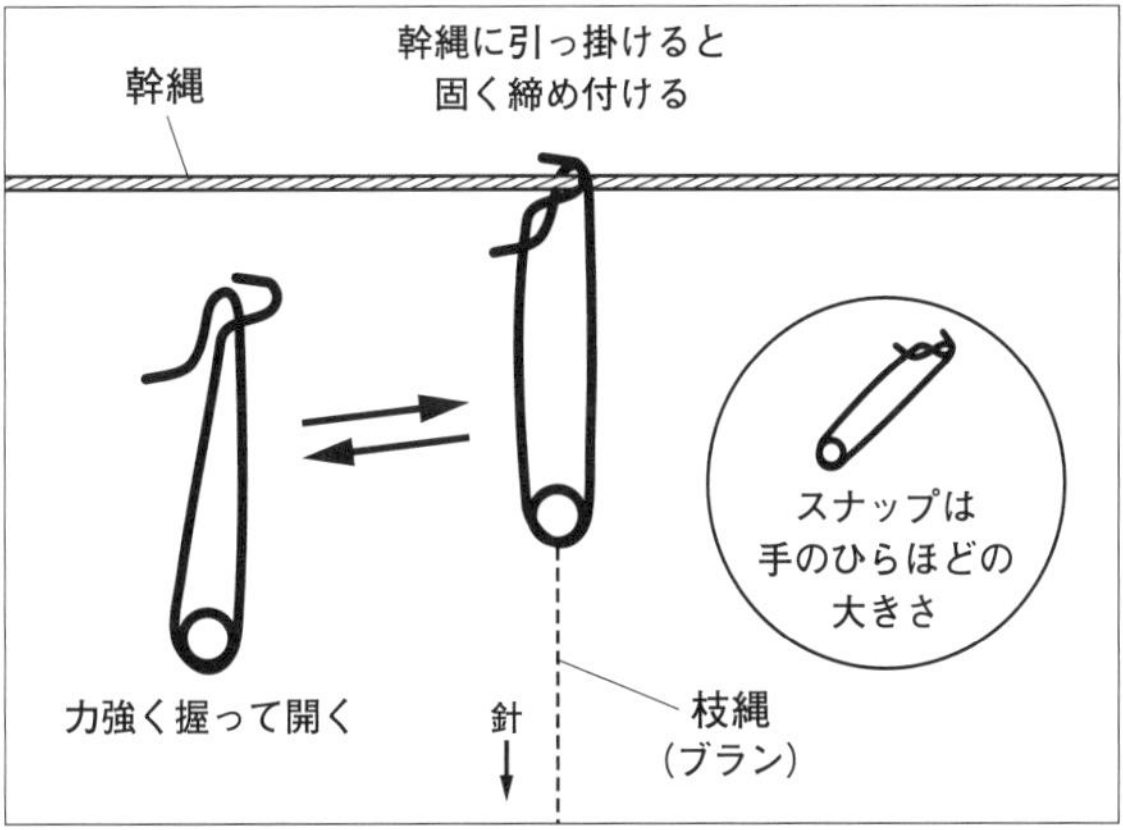

幹縄と枝縄（ブラン）を接続するスナップの仕組み。手作業で一つずつ掛け外しを行う。

初めのうちはなかなかできずに苦戦していました。縄の上を走るスナップにうっかり指を入れて怪我しそうになったり、スナップを握りしめたまま身体がラインホーラーに引っ張られて吹っ飛ばされたりしました。

そんなこんなでモタモタしていると、身長が高くてちょっと怖い山本さんというじいさんが、不満を言いたそうな顔で私に近づいてきます。内心、これは嫌われてるな～と思っていました。

「スナップ外せないなら左手でスナップ止めて、縄の上滑らせて外せ！」

「わかったっす！　やってみます！」

なるほど、これはいいかもしれない

と思い、早速左手を犠牲にして、縄を握るようにしてやってくるスナップを止めてみました。ズズズズ、となんとか外せたので、とりあえずこれで行こうと思って無理やり外していました。するとスナップが縄の継ぎ目の太くなった部分に引っ掛かり、ドーンとラインホーラーのほうに体が吹っ飛ばされたので、すぐにこのやり方は禁止になりました。

結局、この航海中にスナップ外しをマスターすることはできませんでした。でも案外慣れるもので、次の航海からは簡単に外せるようになりました。

ブラン手繰り

スナップ外しに苦戦しながら、ブラン手繰りも覚えないといけません。

ブランは数十メートルある縄で、先端に針がついています。ブラン手繰りでは、スナップ外しで幹縄から外れたブランを巻いて、次の投縄ができるように整えておきます。

スナップ外しと同様に1日の大半はこの仕事をするので、絶対に覚えなければいけない仕事です。

これは3人1組で行います。まずスナップを外して、隣にあるブランリールという巻き取り用の機械で、釣り針の数メートル手前、手で巻けるくらいの長さになるまでブランを巻きます。ブランリールを使うと効率よく早く巻けます。

これも初めての私には難しい作業でした。まず操作するときに機械がどれくらいで止まるのか、加減がわかりません。ときどきブランにもつれがあるとその分短くなっており、釣り針の部分まで巻いてしまってそれが手に刺さるという事故が起きます。

揚げ縄中の甲板の様子。右奥でラインホーラーやブランリールの操作を行い、魚がかかったら右手前の舷門から魚を引っ張り上げる。
（写真提供：ユニフォトプレス）

素早く巻いて、もつれが来たら瞬時に判断して止めるという作業ですが、なかなか慣れることができず、ついに事故が起きました。

あ、もつれだ！ と思ったときには巻いてしまっていて、左の薬指の根元が熱くなりました。

「うわ、痛え！」

左手にグサッと針が刺さりました。巻いたり止めたりするのは難しく、慣れないうちはうっかり巻きすぎてしまいます。

車の運転を覚えるとき、自動車学校で思ったようにアクセルもブレーキもクラッチも操作できず、しまいには教官に急ブレーキをかけられる。それと同じような感じで操作もままならない状態です。

船長に消毒してもらって針を抜きました。

「おい、大丈夫か！ びっくりしただろ！」

船長が声をかけてくれましたが、ショックでそのまま倒れてしまいました。

これがマグロ漁船なんだ、もう体で覚えるしかない。

危険が伴う怖い仕事ばかりですが、やっていくうちに徐々にブランリールも使えるようになってくると仕事も面白くなってくるので、やはりこれも慣れだと思います。少なくとも、この1か月の航海は仕事を楽しめるような精神状態ではありませんでした。

ちなみに、先頭に立って魚がかかっているかどうかを確認し、かかっていたら船員に合図をするのもブラン手繰りの役目です。1人が魚を引っ張り上げ、1人がトッタリ（予備の縄）をつなぎ、1人が揚げ縄の先頭で作業します。この3人の連携が重要になります。

ラインホーラーを操るハンドルの仕事は、縄を巻いている人や、縄の音、張り、動き、角度などあらゆる感覚をもとに魚がいることを判断できるような人でないと務まりません。超高難度の仕事です。

しかも、釣り針や浮き球、毒針を持つエイなどがもつれと一緒に絡まって飛んでくる可能性があります。ラインホーラーは油圧で巻いているのでかなりの力があり、止めるにはハンドルを下げるかブリッジ（操舵室）で非常停止させるかしかありません。ブリッジから縄までは遠いので目視で確認できるはずもないし間に合うはずもなく、非常停止できず針にやられることが多いです。

とても危険な仕事で、マグロ漁船で一番死ぬ確率が高いのが、このハンドルの仕事だと言われています。

ラインホーラーを回しているハンドルの人に「魚だ！　縄外せ！」と言われたら、思いっきり縄を横に外します。魚がかかると縄はくの字に曲がり、仕掛けがグングンと水中に引っ張られていく。サメよりもマグロのほうが引く力は強いです。

縄を外したら、「商売！」と腹からデカい声を出して合図をし、船がアスタン（バック）を始めます。魚を引っ張りやすい位置に移動するためです。

そして手の空いている人に縄を渡し、仕掛けまで見えて来たらトッタリ（予備の縄）を付けて引っ張ってもらいます。鉤を持つ人、銛《もり》を構える人、マグロの頭を挟むトラバサミのような仕掛け（大間のマグロ漁師は電気ショッカーを使うそうです）を持つ人、出刃を研ぐ人が素早く位置に着きます。

ここまでを素早くやれれば何も言われませんが、まあ数か月から1年は経験しないとなかなか難しいと思います。

マグロ漁船なんて乗るんじゃなかった

仕事を覚えるのに悪戦苦闘しているうちに、1回目の航海が終わりました。長福丸の航海を終えて初めての給料は、合計で25万円。そのうちの8分（8割）が自分のもので、残りの2割である5万円が船主預かり金として控除されます。さらに1航海で必要なものを揃えるための船員貸付金（仕込み金）などを差し引くと、最終的な手取りは15万円となります。給料は、給料明細と書いた茶封筒に入れて渡されました。

マグロ漁船での仕事を終えると、船員は分け魚といって魚を少しもらえます。一番美味い部位を切って、タダで大量に土産として分けてくれます。このときはブロック肉くらいのメカジキをもらい、家に帰って初めての給料と一緒に両親に渡しました。

お袋は「ありがとう、ご苦労さんだね」と笑って給料袋を受け取りました。

夕食には肉や刺身など豪勢な料理をお袋が振舞ってくれて、オヤジもビールを飲みながらニコニコしていました。

オヤジはこのとき食べた分け魚のメカジキが一番うまかったと言って、それからずっと思い出話のネタにしていました。

「長福丸でもらってきたメカジキの刺身はいまだに忘れらんね。あんなうめー刺身、食ったことがねえ」

私が両親に「マグロ漁船はな〜、こんなに大波が来て……」「サメを殺すのが俺の仕事でさ」なんて自慢気に語っていると、オヤジは「そうかそうか。ご苦労さん、うんうん」と酒に酔って顔赤くしながら、満面の笑みで話を聞いてくれました。家に帰って手料理でもてなしてくれて、武勇伝を聞いてくれる両親に感謝していました。

給料を借金に充てるとかそういう話はまったくされませんでしたが、さすがにそれを息子に言うのはつらかったのかなと思っていました。当時の私は借金の額など知りませんでしたが、こんなに喜ぶんだから助かっているんだろうなと思いました。この後の遠洋延縄マグロ漁船になると、給料が毎月家に送金されるようになります。

今思えばたかだか1か月ですが、仕事は当初思っていたよりもキツかったです。

毎日毎日、ジリリリン、ジリリリンと警報機のようなスタンバイの音で起こされ、海に向き合って揚げ縄を12時間、長いときでは20時間行っていました。なかなかキツい仕事です。3日くらいに1度回ってくる投縄の当番の日は、2時間睡眠で起こされて5時間餌を入れる仕事をします。

私は1年生で仕事もろくにできなかったので怒られることが多く、それも非常につらかったです。ブラン手繰りをしていて後ろから「何やってんだ！　遅いぞ！」と怒鳴られる日々。スナップ外しもこなさなければいけない。他にもいろいろな仕事がありますが、新人の私はどれもまともにはこなせません。

メカジキをカメの中に入れて、アンカーで下ろされるのを受け止めて寝かせるという仕事もありますが、大きなメカジキは数百キロもあり、アンカーで下ろすとはいえ受け止めるのは重労働です。大量に釣れるサメを解剖してカメに運び入れたり、重いマグロを運んだり、その他危険な仕事も山ほどあります。

帰ったら辞めよう。こんなキツい仕事、続けられるわけがない。船の上でそんなことを考えていました。陸での仕事と違って、会社を退職するようにすぐその場から立ち去るようなことはできません。マグロ漁船での仕事は甘くはないのです。

ヤクザや闇金からのゴリゴリな取り立てから無理やりマグロ漁船に乗せられるというルートもありますが、私はそういうわけではありません。でも、借金返済のためにマグロ漁船に乗せられたというのは同じです。

ノイローゼとまではいきませんが、乗って後悔したと思ったのは間違いありません。

とはいえ今思えば、初めて乗った長福丸の船員さんは、私に優しくしてくれていたと思います。初めてで右も左もわからない1年生の私を、それなりに優しく扱ってくれました。

あと、コック長のおんちゃんは、みんなの前では厳しいことを言いますが、2人になったときには私のことを気遣ってくれました。おんちゃん、ありがとう。感謝してるよ。おんちゃんが持ってきてくれた仕事だから、ちゃんとした船会社で、ちゃんとした乗組員の漁船だったんだろうね。

2章

過酷な労働

ヤンキーの先輩に誘われる

ヤンキーの先輩の英雄さんという人がいます。

英雄さんと出会ったのは高校1年のときで、駅でダチと2人でいたときに声をかけられました。ゴリラというバイクに2人乗りでやって来て、やたら怖いのが来たなと当時は思いました。リーゼントパーマをあてていて、色黒で身体がデカくて見た目も怖いのですが、喧嘩が強くて豪快な人だったので地元では有名人でした。

英雄さんと会ったとき、その相方の人に脅されました。

「お〜、おめーらこんな時間にこの辺にいると怖い目に遭うぞ！」

この人は高明さんというのですが、組長というあだ名で呼ばれて恐れられていました。パンチパーマに剃り込みを入れていて、上下スウェットで、体形は細身ですが人相の悪い感じでした。上半身裸になってサラシを巻いて単車を飛ばすという、なかなかにぶっ飛んだことをやる人でした。

英雄さんが私に質問してきました。

「お前ら、どこから来てるのよ？」

「白川です」

「本当か？　秀樹って知ってる？」

「え……いとこですけど」

「マジでか？　ガハハハハ」

めちゃくちゃ笑って喜んでいました。

私のいとこの秀樹ちゃんも地元では不良で相当有名だったので、繋がった！　と私は驚きました。

この出会いが、まさか次のマグロ漁船の航海につながり、英雄さんと一緒に船に乗るくらい仲良くなるとは思いもしませんでした。

秀樹ちゃんのお兄さんの安広くんは私より2つ年上で、身長が高くて不良っぽい男前なお兄ちゃんです。女遊びの天才だったので他の高校の女にまで手を出していました。喧嘩は弱いですが優しいです。

英雄さんと駅で話してから数か月後、私は長福丸から帰還し、家で休みながら次の仕事をどうするか悩んでいました。

ある日、安広くんと秀樹ちゃんの家へと遊びに行きました。

そこで偶然、英雄さんと再会しました。実は安広くんと英雄さんは友達で、２人は一緒にマグロ漁船に乗っていました。

それから英雄さんと仲良くなり、３人で一緒に遊ぶようになったのですが、あるとき英雄さんから誘いを受けました。

「せー、俺らと船いこうや！　楽しいぞ」

英雄さんは満面の笑みでそう言いました。長福丸のときは二度とマグロ漁船に乗るものかと思っていましたが、英雄さんと安広くんがいればきっと楽しくやっていけるだろうと思い、快諾しました。

こうして次の航海が決まり、私はオヤジに説明しました。

「父ちゃん、俺、英雄さんと安広くんとマグロ漁船行ってくるわ」

「うん、いいんじゃないか！」

オヤジは笑いながら満足げにそう言ってくれました。この頃からオヤジは、私にまったく怒らなくなりました。

ボボボボボボ……とマフラー音を鳴らしながら、安広くんは車高の低いハコスカで私を家まで迎えに来ました。私の家の2階の洋間は綺麗な海が見えるくらい見晴らしがよく、近くを走ってくる車は丸見えでした。私はハコスカを停めた近くの窓へと向かい、安広くんは車の中から話しかけてきました。

「せー、ひでのところに行くから来いよ」

「はーい、待ってて！」

この頃には安広くんと英雄さんとはすっかり仲良くなり、3人で遊ぶことが多くなっていました。

そして車で港まで向かい、船と船頭さんを紹介してもらいました。秋洋丸という船で、前回の初航海で乗った長福丸とだいたい同じ大きさの近海マグロ漁船です。大きさは60トン、定員は十数名くらいです。そして今回もまた1か月の航海ということでした。

今回の船頭さんは40代くらいと若く、笑顔の絶えないとっつきやすそうな感じの明るい人でした。

「おう！　ひでの後輩かい。よろしくな！」

快く受け入れてもらい、一発で採用が決まりました。素直に嬉しかったです。

マグロ漁船は1人で行くのは本当にキツいので、誰かしら仲間と一緒にいられたらそれに越したことはないです。しかも英雄さんと安広くんの2人がいるなら、楽しめるかもしれない。そう思って期待に胸を膨らませていました。

英雄さんはサングラスをかけて黒のツナギを着て、とても堅気には見えない格好で港を歩いていました。

「せー、よかったな、採用になって！　一緒に行くの楽しみだわ」

豪快に笑って、おっかない顔をほころばせていました。

2航海目・18秋洋丸

安広くん、英雄さん、私の3人で仕込み屋へと向かい、また航海に必要なものをいろいろと買い揃えました。前の航海とは違ってマグロ漁船の先輩2人からのアドバイスがあったので、心強いし頼りになるなと思いました。それと同時に、初めてのときにあれほど嫌だったはずの航海が、少しずつ楽しみになっていきました。

「これも買っておいたほうがいいぞ！」

「はい！」

英雄さんは不良仲間の間ではレジェンドのような存在ですが、マグロ漁船でも冷凍長というポジションに就いています。言うなれば船の要となる幹部で、船員の人たちも一目置いている存在です。

「せー、これも買っておけよ！」

「わかった！」

いとこの安広くんも仕事ができて頼れる兄貴分です。この仲の良い先輩2人がいるおかげで、以前のような恐れもなく安心して航海に臨めました。

そうして、2回目の航海が始まりました。

冷凍長の英雄さんは船の中では中心的人物なので、連れの私に対しても船員の人たちはしっかり面倒を見てくれました。そのおかげで前の船とは違い、とても居心地がよかったです。他の船員の対応も悪くはなく、私の働きぶりを認めてくれている感じがして働きやすかったです。安広くんも仕事ができるので、英雄さんや安広くんといると本当に楽しかったです。

それから、この船にはもう1人、私と同じ1年生が乗っていました。ひろしという私よりも年下の子で、船頭の甥っ子らしいのですが、見た目は貧弱で漁師に向いているという感じはまったくしませんでした。いつもオドオドしていて、あまり人と話したがりません。いわゆる発達障害を抱えていたようなのですが、ああいう環境で働くのは本当につらかっただろうなと思います。

とはいえ、1年生がひろしと私の2人いるということで、仕事を覚えるのにはいい環境でした。1年生1人だと目の敵にされることが多いので、ひろしの存在には助けられたと思います。1年生の私とひろしは「ポンスケ」と呼ばれて煽られていたのですが、これもマグロ漁船の習わしのようなものです。ひろしに対して私は活きのいいほうだといって可愛がってもらえました。

英雄さんの仕事ぶりを見たのですが、やはりすごかったです。運動神経がいいのか、スナップ外しは誰よりも上手かったです。

ひろしがブラン手繰りに入ると、英雄さんは「ポンスケ！」と言って短いノンコ（鉤のついた棒）の柄の部分でひろしのヘルメットをコンッと軽く叩いていました。ちゃんとやれよ！　という意味で叩いているのですが、少しふざけて遊んでいるようでしたね。

ヤンキーの先輩は冷凍長

私はというと、一生懸命にサメの解剖をせっせとこなしたり、魚を引っ張ったりしていました。スナップ外しの腕もメキメキと上達していきました。

そんな中で頻繁にやっていたのが、冷凍長である英雄さんの手伝いとして、氷をスコップで掘って移動させる仕事です。本来であれば冷凍長の仕事ですが、私が英雄さんを手伝うのが日課になっていました。いつの間にか英雄さんの助手のようになっていて、仕事を手伝っていました。でも英雄さんを常に慕っていた私からすればむしろ当然だったので何の不満もありませんでした。

ただ、他の船員から「仕事中に2人してカメ（貯蔵庫）入られたら、こっちはたまんねえな」とか言うのが聞こえてきたこともあり、やっぱりマグロ漁船には乱暴な男が多いよなと思っていました。

冷凍長は、魚を管理して水揚げの際に市場へと持っていくという重要な役割を担っています。毎日毎日、大きい地下室のようなカメにある氷をあっちに掘ったりそっちに移動したりしていて、大変な仕事だなあと常々思っていました。

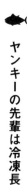

そんな矢先、英雄さんから言われました。

「せー、氷砕き手伝え！　毎朝少し手を貸してくれな」

「氷？　わかった」

「魚のエラと腹に氷を詰めて綺麗に並べることを『漬ける』っていうんだ。鮮度のいい状態で陸まで持っていくんだよ」

この氷を砕くというのが本当に大変で、カッパを着てカメに入るとかなり寒いです。大きなメカジキが何匹も釣れたら、操業中にカメに入って氷をスコップで掘って、メカジキを置く場所を作ります。

運んだ氷は、英雄さんがメカジキの腹とエラの中に入れ、漬けていきます。同じようにマグロも漬けていくのですが、かなり疲れる仕事です。英雄さんもよくやっていられるなと思っていました。

「せー、疲れたか？　若いから大丈夫だべ」

「結構疲れた……」

氷砕きも氷掘りも大変な仕事だと実感しました。こんな感じで私は英雄さんの手伝いをしていて、どこへ行くのも一緒で舎弟のようについて回っていました。

「今日はメカ（メカジキ）が多いから、カメ入って氷砕きだ！」

「おう！　わかったよ」

今思えば、カメの中の構造を頭の中でシミュレーションして管理していた英雄さんは、当時20歳やそこらでした。あの若さで大したもんだなあと改めて尊敬します。

ちなみに、大量のサメをカメに入れておくのですが、サメは死ぬとアンモニア臭が出るので、なかなかの異臭でした。

釣った魚でいっぱいになるカメの中は、ものすごい迫力です。これは壮観だ、いいものを見たと思いましたね。

近海マグロ漁船のマグロは鮮度が自慢ですが、これは冷凍長の腕次第と言っても過言ではないでしょう。何百キロもある大物のメカジキをアンカーで吊るし、「ほら！　行くぞー」という掛け声でカメの中までウィーンと下ろすんですが、それを受け取りメカジキを寝かせるという大変な力仕事は私の役目でした。おかげでかなり筋肉がつきましたね。マグロ漁船員が港に帰る頃には間違いなく筋肉ムキムキになります。私も当時は120キロのマグロを持ち上げて、シャワールームに立たせて生《ナマ》（血）を抜いていましたから。

酒乱のコック長

マグロ漁船に乗っている船員というと、借金の返済のために乗せられた訳ありの人というイメージがまず浮かびますが、英雄さんと安広くんの場合は間違いなくそうではないと思います。

2人は自分の娯楽のために、陸に上がって遊ぶ金を稼ぐために乗っていたに違いないと今でも思っています。2人は当時、寝る間も惜しんでハコスカを走らせて遊んでいましたし、私もそれに加わって楽しく遊んでいました。

この船のコック長もまた、借金のためというよりも「マグロ漁船に乗るのを生業としている」という感じの人でした。いつも私の上の寝台で寝ていて、寝台に上がるときはたまに私を踏んでいきます。

前の船のたかしおんちゃんとは大違いで、荒っぽい性格が顔に出ているタイプで怒ると怖い酒乱のおっさんです。よくタオルをターバンのように頭に巻いてお酒を飲んでいて、グラスを片手に文句を言ったり笑ったりと、表情豊かな人でした。鼻が妙に高くて、明石家さんまのような出っ歯で、指には梵字の入れ墨を入れていました。

そんなコック長がタバコをくわえながら、大声で怒鳴っていました。

「コラ！　○×※□♂〒△！」

八戸出身らしく、なまりが酷かったので、正直あまり何を言っているのかわかりません。

「何、この野郎！　うるせー！」

喧嘩している相手も、ゴツくて唇が厚くて真っ黒な顔をしたゴリラみたいな酒飲みのおじさんでした。

「ゴラァー！　うるせー！」

「なんだとこの野郎！」

とうとうコック長が出刃包丁を持ってきた！　ゴリラみたいなおっさんもこれには怯みました。すると船長がやってきました。

「バカ野郎！　何やってる！」

船長はプロレスラーみたいにゴツいおじさんで、声も大きくてよく通ります。

「バカもんが！」

おっさん2人は船長に思いっきり怒られ、喧嘩も終わり、一応手打ちになりました。こうして船長が仲裁するほどの酷い喧嘩はめったにありませんが、誰かが船長にチンコロしたらしいです。私は胸を撫で下ろしました。船長はデコスケ（警察）みたいなものですね。

仲良しの先輩

マグロ漁船では休みというものが特に決まっておらず、船頭が縄を入れないと言えばそこで休みになります。1日休みになったときは、私は疲れを癒すためにひたすら眠ります。

漁船ではワッツ（ワッチ）という仕事があり、休みの日に周りに船がいないかどうかを2時間交代で見張ります。また、風向きを日誌のようなものに記入します。

夜は水平線を眺めても何も見えないので真っ暗ですが、ふとポツンと明かりが見えるときがあります。それが船ということになるのですが、船の衝突を避けるために明かりに近づく前に船長を起こし、船長が舵を取ってかわします。

英雄さんは私の番の前なので、ワッツになると私を呼びに来ます。

「ワッツ交代！　せー、ワッツ！　ワッツ！」

「顔を踏んで起こすのはやめてくれ！」

英雄さんはいつも私の顔を踏んで起こそうとしてきます。そして英雄さんと私のワッツの時間、合わせて4時間をいつも一緒に過ごしていました。そこで英雄さんはたまにカッパ用の接着剤をビニール袋に入れ、ラリパッパすることがありました。

「ラリパッパするか？」

「ううん、俺はしない」

あまり匂いが好きではなかったので私はやらなかったのですが、気持ちよくなるなら少しやってみたかったかも、と思っていました。


英雄さんとは不思議な縁があって、私が高校1年生のとき英雄さんに初めて会った後、いとこの不良の秀樹ちゃんからバイクを買わないかと言われました。

「おめー、ゴリラ買わないか？　ボアアップしてっから100は回る（時速100キロは出る）ぞ！」

「マジか？　ボアアップしてて100回る？　すげーな。どうせ高校行ったら、チャリンコはダセーし単車だべ、勿論無免許だけど」

当時不良だった私はそんなことを考えていました。でも、そんないいバイクをどこから手に入れるんだ？　と不思議に思っていました。しかし後日、その最高のマシンを手に入れました。なんと、そのゴリラのオーナーが英雄さんだったのです。

「せー、買うか？」

「買う！　欲しい！」

もしかして、初めて英雄さんと駅で会ったとき、組長さんと二人で乗っていたゴリラか？　すげー！　ワクワクして心が躍りました。

早速オヤジに交渉して、金をもらいました。

「父ちゃん、ゴリラ買うから５万けろ」

「わかった、いいよ」

こういう話には理解のある親父です。そんな感じで英雄さんのゴリラを手に入れたわけですが、しばらくしてゴリラを壊してしまい、後で英雄さんにちくちく言われました。

少しずつ仕事を覚えてきた

英雄さん、安広くんとマグロ漁船に乗り、だんだんと仕事を覚えてきました。やはり仲のいい先輩がそばにいると覚えられるものですね。スナップ外しもできるようになり、今までにない優越感や達成感が込み上げてきて、仕事も純粋に楽しいと思えるようになってきました。

しかし私は給料8分の1年生なので、当面の目標は一人前の称号をもらうことだと強く意識していました。マグロ漁船には多種多様な仕事があるので、スナップが外せるからとかブラン手繰りができるからといって決して誇れるようなものではありません。まだまだ覚えることはたくさんあります。

マグロ漁船の仕事で基本となる作業にはいろいろあります。

まず投縄の仕事として、餌投げ（餌掛けとも言う）、スナップ掛け、ブラン出し、餌出し。

揚げ縄の仕事としては、ブラン手繰り、スナップ外し、魚引っ張り、鉤掛け、魚の解剖、三枚下ろし、縄刺し、縄の傷チェック、ハンドル、ヤマ、ブラン包み……。

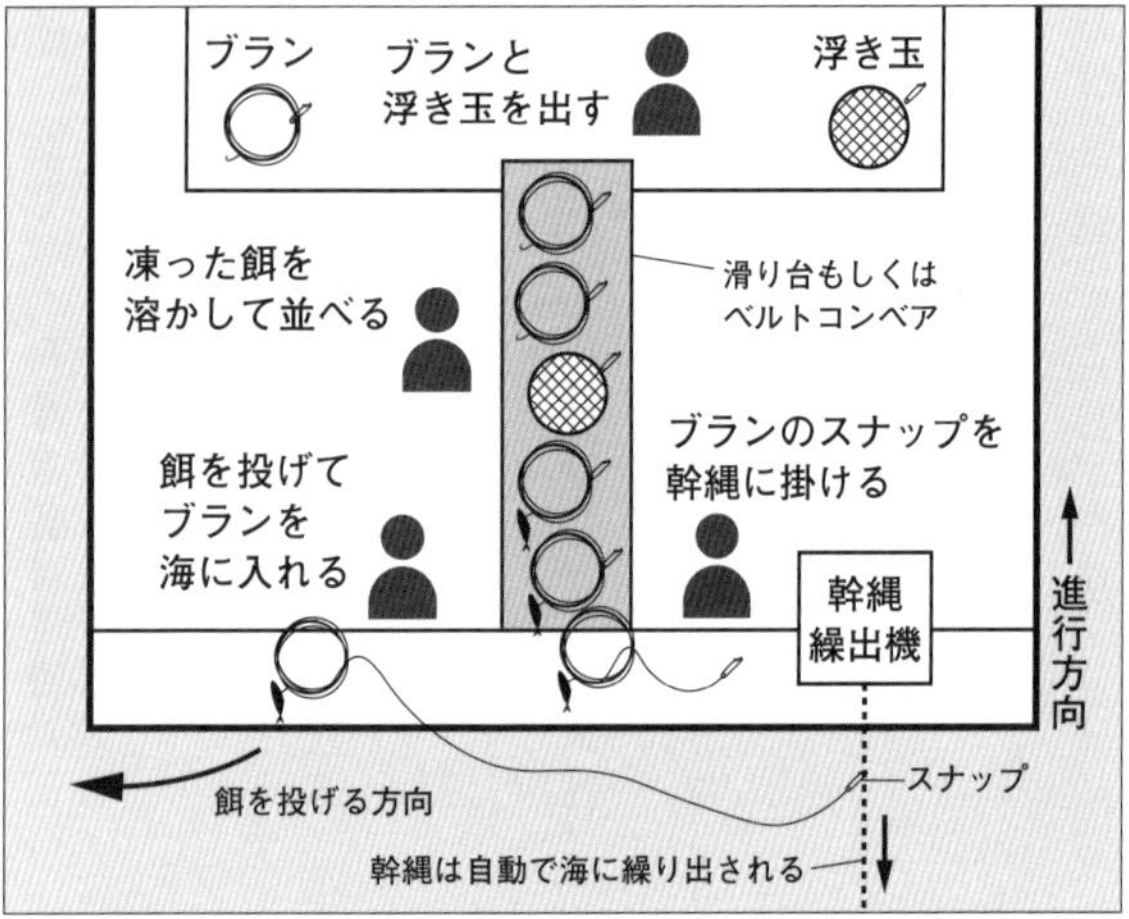

投縄の様子

これくらいの仕事は最低限覚える必要があるので、そんなに簡単には一人前になれません。一人前になるには数か月は働かないといけないと思います。

やり方さえ覚えてしまえば、スナップ掛けなんかは簡単で楽な仕事です。

投縄のとき、機械で海に流している幹縄にスナップを掛けていきます。ピッと音が鳴るので、基本はその音に合わせて掛けます。餌投げの人が投げたのを見てからスナップを掛けるので、餌投げに合わせてタイミングを調整します。これだけ守れば大したことはないです。

だいたいスナップ掛けのあとは休憩のためにサロンに降りて、コーヒーとタバコで数分一服します。


ブラン出しの仕事は、餌投げとスナップ掛けの人が作業しやすいよう、テーブルの上に包んだブランを解いておくだけです。縄のもつれが上がり、縄を出す繰出機に絡まって動かなくなったら、いち早く無線で「ストップ！　ストップ！　アスタンアスタン」と船頭に報告するのもブラン出しの仕事です。アスタンとは「後ろに下がれ！」という意味です。

ブラン出しの担当はいつも身軽に動ける状態にしておく必要があります。餌出しの人がいないときは代わりに餌を並べたり、その他いろいろ動き回ったりしますが、基本的には楽な仕事です。

餌出しはそのまま、凍った餌を溶かして並べる仕事です。餌がカチカチに凍っているのである程度砕いて溶かします。

決まった枚数の仕掛け（仕掛けは1枚、2枚と数えます）を投入できたら、目印としてラジオブイを入れます。ラジオブイは信号を出すので、縄が切れた時の捜索に使います。このブイはかなり重いので、海に入れるときは少し怖いです。スナップ掛けと餌投げの人がブイのスナップを掛けたのを見たら、「せーの！　レッコ！」と言いながらドボーンと入れます。海に入れたらもうやり直しはできないので、しっかりタイミングを合わせます。

ちなみにレッコとは投げると言う意味です。ちょくちょく使われますので面白いです。「投げろ！」よりはレッコのほうが言いやすいし作業もしやすいと思います。マグロ漁船はこうした業界用語がたくさん出てくるので、最初のうちはとても不思議でした。

投縄の仕事で一番難しいのは餌投げで、初心者のうちからできるような仕事ではありません。私はこの餌投げが大好きなのですが、難しいからこそ達成感や優越感があります。力は要らないので、テクニック次第だと思います。

餌出しの人が餌投げの人のために餌を並べてくれます。その餌を針に引っ掛けて、餌を投げます。自分が投げたところにマグロが掛かってくれれば嬉しいですね。

しかし、覚えるまでには時間のかかる仕事です。作業自体は単純ではあるのですが、危険なこともあります。自分の斜め後ろに向かって投げるのですが、餌投げのときに投げた餌が針から外れて飛んでいってしまうと、その針が船にチャリンと乗ってしまうことがあるので危険です。

そのとき、針の反対側にある仕掛けのスナップを、スナップ掛けの人が縄にかけてしまったら、海に流している縄に引っ張られ、針が船に引っかかってビーンと張ります。大怪我の元になるので、「危ねえ、離れろ！　出刃包丁で切れ！」と言われます。あるいはブリッジにいる船頭に無線で「ストップ！　ストップ！」と言わなければなりません。その針が餌出しの人の頭上に飛んで行ったら……なんて考えると怖いです。

応用もある程度利くようにならないと餌投げの仕事は難しいので、リスク回避が重要になってきます。最初は怖くて餌の魚を持つ手が震えました。

誰かが１つ間違えば、途端に船内がパニックに陥るのがマグロ漁船の仕事なのです。

揚げ縄のときに頻繁に行って苦労したのが、縄刺しです。縄刺しは、揚げ縄で幹縄に傷が見つかった際に行う作業で、縄を切って先をばらし、スパイキという先の尖った棒を使ってしっかり編み込んで、縄を1本につなげて修復します。

縄を揚げるときは全速力で巻いているので、機械でトモ（船尾）のヤマ（縄を入れる場所）に入れていきます。刺すときは早く刺さないとオモテ（船首の作業場）に縄が溜まってしまいますし、もつれができたら大変です。

そのため、早く正確に縄を刺すことが重要になってきます。これを習得するのは難しく、刺し方が甘ければやり直しと言われて容赦なく縄を切られます。さらし者のような気持ちでした。

この縄刺しがきちんとできてないと、ハンドルの人がラインホーラーで縄を巻いている途中でブチッと縄が切れる原因になります。そこで縄が切れるとラジオブイを探して10～30分くらい船を走らせて探さないといけないので、大きなタイムロスです。揚げ縄の作業は遅れ、我々の寝る時間が無くなります。

そのため、縄の傷を見逃してはいけませんし、しっかりと縄刺しを行わないといけないのです。

1年生の頃は、縄の傷を見る担当のじいさんが意地悪で、「せー、ちょっと来い！」と呼ばれては「縄刺せ！」と言われ、じいさんの見ている前でひたすら縄を刺し続ける千本ノックのような作業をやらされます。

「バガッ、この！」

縄を見せてダメだとこう言われてゲンコツが飛んできてやり直し。こうやって覚えていくしかありませんでした。

陸に上がれば遊び回る

18秋洋丸の給料合計は17万9780円でした。

一人当たり金は22万4725円なので、その2割の4万4945円が引かれています。8分の初心者だとこれだけ引かれてしまいます。

控除合計9万956円、差引支給額は8万8824円です。

今回も給料は茶封筒に入れて渡されました。家に帰るとお袋に「お疲れさん、ありがとう」と笑顔で言われて、手料理でもてなしてもらいました。両親と宴会をして、家族団らんの時間を過ごしていると、「ああ、帰ってきたんだな」と実感できるので、そのひとときがとても嬉しかったです。


束の間の休日を家で過ごしていると、また安広くんが迎えに来て、英雄さんとハコスカに乗って遊びに行きます。当時私は18歳くらいだったのですが、安広くんが連れてくる女の子は年上ばかりで、からかわれていました。

「へー、年下なんだー」

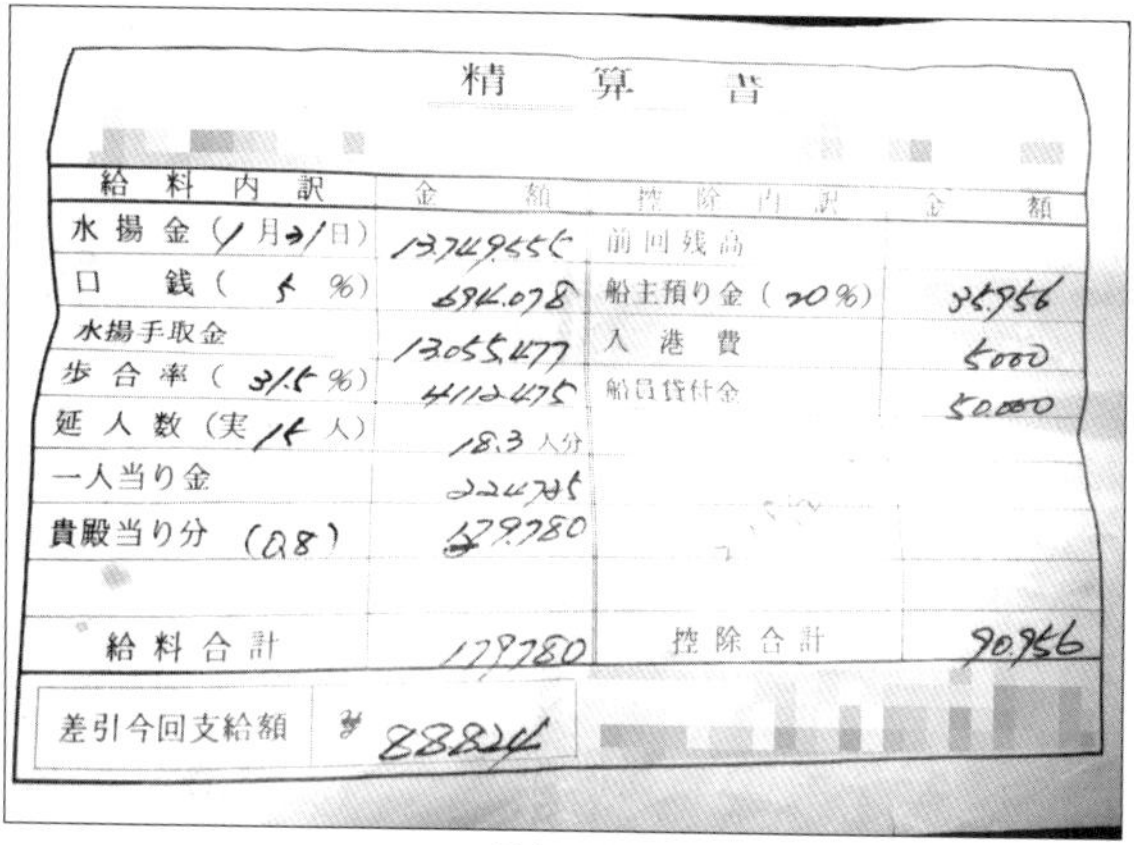

精算書

給料内訳	金額	控除内訳	金額
水揚金（1月31日）	13.744.555	前回残高	
口銭（5%）	689.078	船主預り金（20%）	35.956
水揚手取金	13.055.477	入港費	5000
歩合率（31.5%）	4112.475	船員貸付金	50.000
延人数（実14人）	18.3人分		
一人当り金	224.725		
貴殿当り分（0.8）	179.780		
給料合計	179.780	控除合計	90.956

差引今回支給額	¥88.824

給与明細

「かわいいね～。今日はなんか英雄さんがカッコよく見えたよ」

とかなんとか言いたいことを言っているヤンキーの女の子2人を乗せて朝まで遊ぶのが日課でした。そのうち1人は安広くんといい関係みたいでした。

（あ～、また安広くんの女の子か？　この間は俺の高校の3年と付き合ってたよな～。1人こっちに回せや、ほんと腹立つ……）

女日照りの私はぶつぶつ言いながらも一緒に遊んでいました。しかも意外とみんなかわいかったので、余計に妬んでいましたね。ちなみに英雄さんも女日照りっぽかったです。詳しくはわかりませんが。

朝方まで酒を飲んで、気持ち悪くなって女の子が吐いて、安広くんが「いいよ、ここで吐きなよ」とか介抱して、そのままみんなで雑魚寝、みたいなのが続いていました。英雄さんの家に泊まって酒飲んでこたつで寝たこともありましたね。本当に楽しかったです。

安広くんの家に行くと、安広くんの部屋が離れにあって、外から勝手に入れます。入ってすぐの部屋が弟の秀樹ちゃんの部屋で、奥の部屋が安広くんの部屋でした。この離れが安広くんの不良友達の溜まり場となり、それを見ていた弟の秀樹ちゃんも不良になったという流れだと思います。

いつも安広くんと遊んでいると、秀樹ちゃんに注意されていました。

「せー、おめー、お母さん心配するから、悪いことするなよ」

「はーい」

でも、なぜか安広くんの方が一緒にいると楽だったので、遊ぶのは決まって安広くんでした。秀樹ちゃんはというと、やたらその辺で喧嘩していて、日章カラーのジェットヘルにXJ400に5連ホーンとか付けて乗り回してブオンブオン言わして走っていたので、どちらかというと兄弟でより悪かったのは秀樹ちゃんのほうでしたね。絞りハンドルのKH380とかにも乗っていました。秀樹ちゃんの後ろに乗るとき、「5連ホーンのスイッチ触るなよ！　近所迷惑だからな」と言われていました。

秀樹ちゃんと遊んでいる時に、「せー、タバコ買ってきてくれ。これ乗っていいから」と言われて鍵を借りて、一度XJ400に乗らせてもらいました。そのときはもちろん無免許だったわけですが、最高でしたね。「吹かすなよ！　うるせーから」と言われていましたが、ブオンブオン吹かしまくって最高でした。そしてタバコ屋で停めるとき、あまりの重さにコケました。内緒ですけど。

再び18秋洋丸に乗る

その後、私と英雄さんと安広くんの3人は、もう2度、同じ18秋洋丸に乗ることになります。

18秋洋丸は辞める人がわりと少なかったので、いい船だったんだろうなと思います。ここの船頭さんは比較的若くて、ねじり鉢巻を巻いている威勢のいい船頭さんだったのですが、どこか抜けているというか、あまり聡明という印象はない人でした。だからこそ気持ちが楽だったのかもしれません。

2度目と3度目の秋洋丸でも、船頭の甥のひろしは毎日馬鹿にされていて、周りの船員から煽られ怒られてはノンコで頭をポーンと叩かれていました。それは船頭もわかっていて、私もひろしは仕事ができないからしょうがない、マグロ漁船には向いてないと思っていました。

マグロを引っ張る時は大声で「商売！」と言わなければいけないのですが、ひろしはとにかく人と話さないし、大きな声が出ません。そのうえ力もないので、魚に引きずられてあっちへぐらぐら、こっちへぐらぐら振り回されていました。

私はひろしのことが嫌いではなかったし、むしろ時折ひろしの寝台を訪ねて話をするくらいの仲でした。ひろしはいつもお菓子を食べていてあまり風呂に入らないので、匂いがきつくて臭かった。でもときどき笑顔で話をしてくれて、唯一気を遣わずに話せる友達のような感覚だったので、私にとっては心地よかったです。ひろしが風呂に入らなかったのは、おそらくみんなに会うのが嫌だったからだと思います。ひろしのような人間にとってはそれくらい過酷な環境だったのでしょう。

そんな相変わらずのひろしに対して、私はさらに仕事を覚えていきました。まだ三枚下ろしもハンドルもできなかったのですが、それでも私は一つ一つ仕事のスキルを磨いていきました。

そんな私が英雄さんや安広くんに背中を押され、ごくまれにハンドルの仕事をさせてもらうことがありました。ハンドルは縄を巻き揚げるラインホーラーを、レバーで操る仕事です。太いレバーを上げれば巻き揚げ、下げれば止まるという仕組みになっています。

ただし油圧の強い力で巻き揚げるので、操作を間違えればブイでも浮き球でも何でも巻き揚げてしまいます。もつれの針が飛んできて首に刺さってそのままラインホーラーに巻き込まれて死んだとか、浮き球が顔面に当たって骨が陥没したとかいう恐ろしい事故の話も聞きます。死亡事故がとりわけ多いのはこのハンドルですが、だからといってできませんでは通用しないので、練習のつもりでハンドルの操作を行うことにしました。

「交代お願いします」

「せー、おめーできるのか？」

「大丈夫です！」

こうして私はハンドルの操作をする決意をしました。ハンドルなんて嫌だと逃げればいいし、やりたくないと言えばそれまでです。自分だけでなく周りの人間までも危険な目に遭わせる可能性があるから、嫌と言えばみんな納得します。実際、ハンドルはやらないという船員もたくさんいます。

でも、やっぱり男ならチャレンジしたい。そう思った私は、ハンドルの人の後ろから交代と言って代わってもらいました。心臓がバクバクして、胃袋が口から出そうなほど緊張しました。なぜならブリッジから船頭がすべてを見ているからです。

マグロが掛かっていたら、ハンドルの人がいち早く縄を外させて引っ張らせなければいけません。周りの音、縄の張り、縄の角度、とにかく五感を研ぎ澄ませてマグロを狙います。とはいえマグロばかりに気をとられて縄をゆっくり巻いたり、マグロじゃないかと止めてみたりしていると、「早く巻げ！　寝る暇なくなる！」とか大声で怒られました。

メリハリが大事な仕事なので、下手な人にはさせられません。手抜きの許されない難しい仕事なのです。

あるとき、ハンドルの仕事をしている私に触発されたのか、ひろしがハンドルに入りました。するとすかさず船頭がブリッジから顔を出して、「やめさせろ！　やめさせろ！」と烈火の如く怒りだしたので、ひろしのハンドルはそれから二度と見られませんでした。おじと甥の関係もときには厄介なものだと、ひろしがかわいそうに思えてきましたが、釣り針が刺さって死ぬようなことがあっては大変なので、船頭の気持ちも少しわかりました。

お目付け役の畑山さん

英雄さんや安広くんと乗っていた船では、あまり嫌な記憶というのはありません。先輩方がいい環境を作ってくれたので他の船よりはマシでした。

とはいえ、どこの船にもお目付け役のような船員はいるものです。この船にもそういう人がいました。

畑山さんは痩せ型で面長な顔をした50代後半から60代くらいのおじさんで、雰囲気がテリー伊藤に似ています。いかにも神経質そうな感じで、とにかく仕事には厳しいです。畑山さんはもちろん仕事はできますし、人間的にもきちんとしているのですが、私のような1年生に対しては厳しく教育してきます。まともな人ではあるので暴力をふるわれるわけではありませんが、怖い人という印象でした。

あまり誰も文句が言えないようで、英雄さんと畑山さんは仲良さそうにしていましたが、さすがの英雄さんも頭が上がらない様子でした。私は畑山さんの笑顔を見たことがありません。

運の悪いことに、私は畑山さんと同じ投縄チームでした。夜になると畑山さんに起こされ、投縄を行います。

一番印象に残っているのは、餌投げの仕事を教えてもらったときです。私の目の前に座ってスナップを掛けていたのが畑山さんでした。

「ほれ、しっかり掛けろ！　ブランは遠くへ投げろ！」

「はい！」

初めはへたくそなので、思いっきり投げると餌が外れてしまい、針だけ飛んでいってしまいます。

「馬鹿野郎、何してんだ！　危ねーだろ！」

「はい！　すいません！」

「早く餌掛けろ！」

「すいません！」

怒鳴られっぱなしで、もう頭の中はパニックです。

餌にはサバ、イカ、アジなんかを主に使っていました。サバは口、イカは頭のヒレの先に針を通すと決まっています。アジは柔らかいので背中に針を通します。サバのほうが硬いので扱いやすいのですが、アジを掛けるのは少し難しいです。焦っているうちに、アジを握りつぶしてしまうこともあります。

「バカヤロー！」

そうしてまた怒られて、テリー伊藤みたいな顔で目の前でガンつけられます。人間ってこういうときダメですね。完全にパニックです。

最初のうちは餌を持つ手が震えて、餌をうまく掛けられずに途中で交代させられながらスパルタ指導を受けました。

投縄では餌を針に掛けて遠くに投げ、すかさずブランもパラパラと追いかけるようにして投げます。扇形を描くようにして投げると餌も外れませんし、うまくいきます。要領を覚えれば綺麗に投げられるようになります。

ピッ、ピッという電子音の合図がメトロノームのように鳴っているので、これに合わせて餌を投げます。このタイミングから遅れると怒られますし、揚げ縄の作業も上手く回らなくなります。

また、私が投縄で使うブランを用意しようとして針が引っ掛かって手こずっていたときも、それを見た畑山さんがそのブランを取り上げて、床に叩きつけました。違うのを使え！　ということです。

いつも般若みたいな顔をして怒ってばかりの畑山さんでした。サロンでも仕事でも厳しくて、あまり一緒にいたくない感じの、とにかく怖いおじさんでした。投縄の仕事は超絶ブラック労働です。逃げたい！　逃げたい！　そんなことばかり考えていました。

でも、その後すっかり餌投げの仕事を覚えられたのは、この畑山さんのおかげです。何度も何度もしつこくやらされて当時はうんざりしていましたが、あのスパルタ教育のおかげで技術が身についたと思います。あのときのことは感謝しています。

ナンバン

あとは、ナンバンと呼ばれている操機長のことも覚えています。一等機関士をファースト、二等機関士をセカンドと呼ぶのですが、ナンバンというのもこれに近い呼び名で、ナンバーワンがなまってナンバンと呼ばれます。いつも機関室で油さしの指示を出している機関部のリーダーです。

この船のナンバンは50〜60歳くらいのおじさんで、角ばった顔に口をしゃくらせてへの字に曲げています。時代劇に出てくる悪代官の子飼いのヤクザみたいな顔をしていて、いかにも職人という感じでおっかない雰囲気の人でした。

悪い人ではないのですが、この人もスパルタのお目付け役でした。口数は少ないのですが、なまりが酷くて「しぇー！」と言って怒ります。せーではなく、しぇーとしか言えません。

縄の傷を見つけるとわざわざこちらへ持ってきて、「ほら、しぇー縄刺せ！」と大声で指示を出してきます。それでダメだと「何やってんだこの！　やり直し！」とサメみたいな目をして怒って、縄をハサミで切られます。

早く刺さないと縄がどんどん溜まっていくので焦って刺すのですが、私もナンバンに舐められないように余裕の表情で刺していきます。

「はい！　終わったよ！」と見せるとナンバンは縄を何度も舐めるように見ます。まるで姑のようにしつこく見られます。そして、「まあいいか」と吐き捨てるように縄を送りますが、これで合格ということです。

これをやられると心臓がバクバクします。怒鳴られたらみんなの前で恥をかくことになりますので、ヒヤヒヤものです。ナンバンはこういうことを平気でやりますし、「あ～、タラタラってやー、このー」とか人をいびります。でもこの人も仕事はできますから、やはり文句は言えません。

こんな感じなのでナンバンと仕事をするのは恐ろしかったです。

ナンバン（操機長）はいつも機関室でワッツ（見張り）をしています。エンジンに異常がないかを点検して、エンジンに油をさして、日誌をつけます。船はエンジンが壊れてしまえばひとたまりもないです。日本から船で数週間の距離を走ってハワイやパナマ沖まで来ている状態で、誰かがすぐに救助に来てくれるわけがありませんし、そんな恐ろしい非常事態は想像したくもありません。だからエンジンワッツで機関室の点検を行うというのは重要な仕事なのです。

ナンバンの手が空いたときは投縄の作業を手伝ってくれたり、食事交代のときにスナップ掛けに入ってくれたりします。

作業が一通り終わると、疲れを癒すために風呂に入ります。マグロ漁船では基本的に、風呂場には3人くらいでいます。1人が体を洗って、2人が湯船に浸かるという感じです。

ナンバンと一緒に風呂に入ったとき、驚いたことがあります。ふとナンバンの股間に目をやると、ムスコに玉のようなものが何個も入っていました。数えてみると9個ほど入っています。

ナンバンはワセリン注射というものを打っていて、ムスコが缶ビールくらいの大きさに肥大しています。本当にびっくりしましたね。実際に見てみると本当に気持ち悪いです。実際、ほとんどの風俗やソープランドでは出禁になっているようです。それはそうですね、そんなものを入れられたらひとたまりもないです。ナンバンもちょっとかわいそうだなと思いました。

見た目は痩せ型で普通の紳士的な人なのに、ムスコは紳士ではなかったようです。あえてその話題には触れようとしませんでしたが、ナンバンのムスコを見つめていると、ナンバンはニヤニヤしながら「しぇー、なんだよ」と恥ずかしそうにします。人から聞いた話ですが、昔の刑務所で、ムスコの皮を切って傷口から玉をビッと入れ込むという風習があったそうです。それを思い出しました。

そんなことをしている人は温泉なんかではいまだに見たことがありません。マグロ漁船にはこういう訳ありな人もいるんだなと思いました。

恐れられていた英雄さん

こうして、英雄さんと安広くんと同じ船で働くというのが3度続きました。マグロ漁船というのはたいてい1航海で辞めて他の船に行く人が多いです。ずっと同じ船で数か月航海していると、新しい船でまた人間関係を築いていきながら操業していくほうが気持ちとしては楽なのだろうと思います。

航海を終えて陸に上がると必ず、英雄さんと一緒に私の母校である農林高校へと車で向かい、応援団長の誠ちゃんとか知之先輩とか、一番怖かった高校の先輩のところへ顔を出していました。

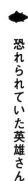

団長はビーバップハイスクールの菊リンみたいな顔に45度に曲げたメガネをかけて、短ランにドカンという格好でした。知之先輩はきれいなリーゼントをかけていて、人相の悪い感じの人です。この2人が農林高校の頭だったと思います。

英雄さんも同じく農林高校のOBなのかどうかはわかりませんが、とにかく母校でも怖がられていました。ちなみに英雄さんのお兄さんがヤクザという噂もあったし、実際にそのお兄さんも見たことがありますがとても怖かったです。パンチパーマを短くかけていて体格がよく、目の据わっている怖い人でした。

「おう！　誠！　知之！」

英雄さんが肩で風を切りながら先輩たちのもとへ向かいました。

「お疲れ様です！　押忍！」

「お疲れ様です！　押忍！」

団長も知之先輩も、礼儀正しくペコペコと頭を下げています。

ここに英雄さんの友達の組長さんもいたら2人ともっとビビるだろうな〜と思いながら、私は横でその様子を見ていました。

「団長！　どーも」

「あ！　おう……」

団長は英雄さんについてきた私に対しても少しまごまごしていて、バツが悪いような顔をして挨拶してくれました。英雄さんのことが相当怖いんだなと実感して、ちょっと気分がよくなってきました。それくらい恐れられていた英雄さんと一緒にマグロ漁船に乗れるというのは嬉しかったです。

ついに一人前になる

2度目の18秋洋丸での給料の合計は21万4627円、
控除額が合計9万9005円、
差引合計支給額は11万5622円でした。
3度目の給料は合計26万5774円、
控除額が10万7115円、
差引合計支給額が15万3459円となります。
また、3度目の給料にプラスして2分金というものを渡されました。これはおそらくボーナスのようなもので、2分金は3航海分で合計3万5336円です。
8万円台だった1度目に比べて、大幅に給料が増えました。これほど金額が違うのは、給料が水揚げ金額に大きく左右されるためです。
「マグロ漁船の給料は意外と安い」という噂もあるようですが、魚が獲れなければ給料も少なくなります。それに、一人前になるまでは8分しかもらえないというところも大きいと思います。お袋もそれはわかっていたようです。

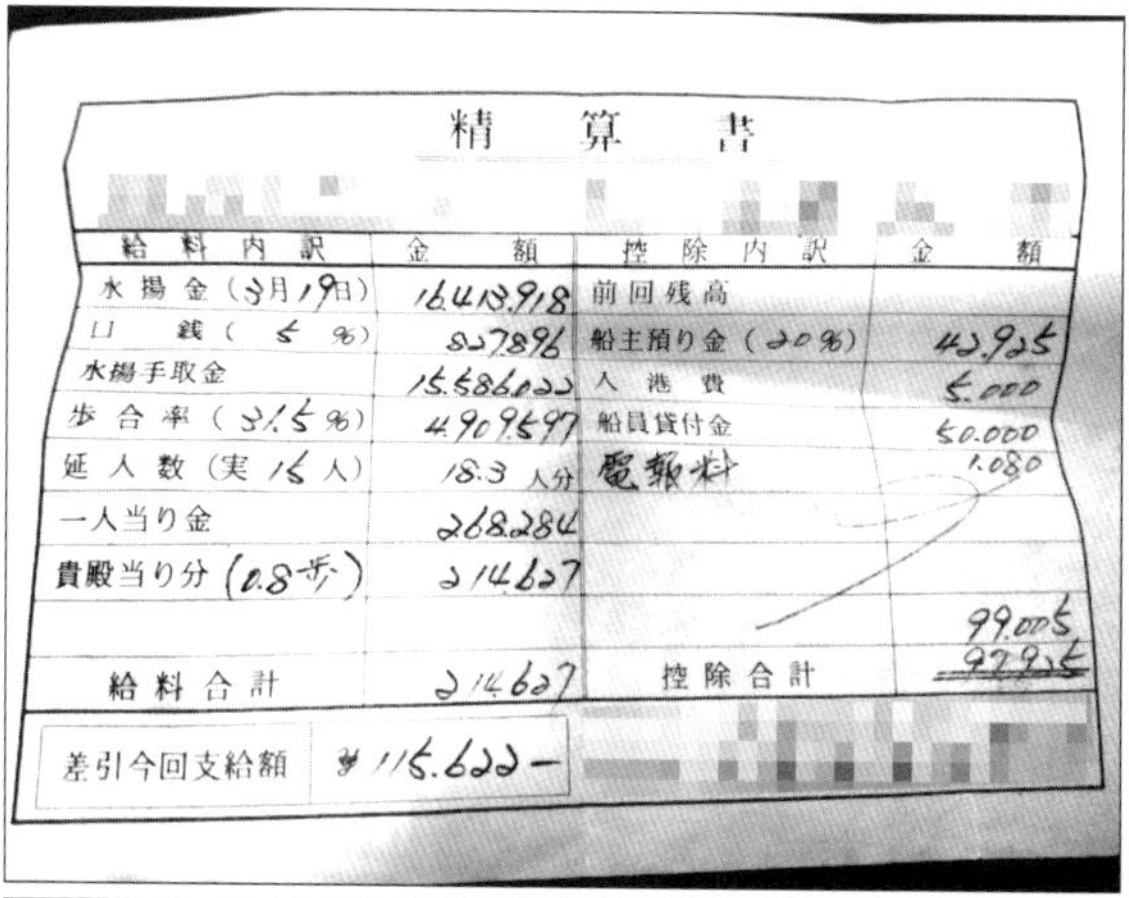

精算書

[redacted]

給料内訳	金額	控除内訳	金額
水揚金（3月19日）	16.418.918	前回残高	
口銭（5%）	827.896	船主預り金（20%）	42.925
水揚手取金	15.586.022	入港費	5.000
歩合率（31.5%）	4.909.597	船員貸付金	50.000
延人数（実15人）	18.3 人分	電報料	1.080
一人当り金	268.284		
貴殿当り分（0.8歩）	214.627		
			99.005
給料合計	214.627	控除合計	~~97.925~~

差引今回支給額	￥115.622−	[redacted]

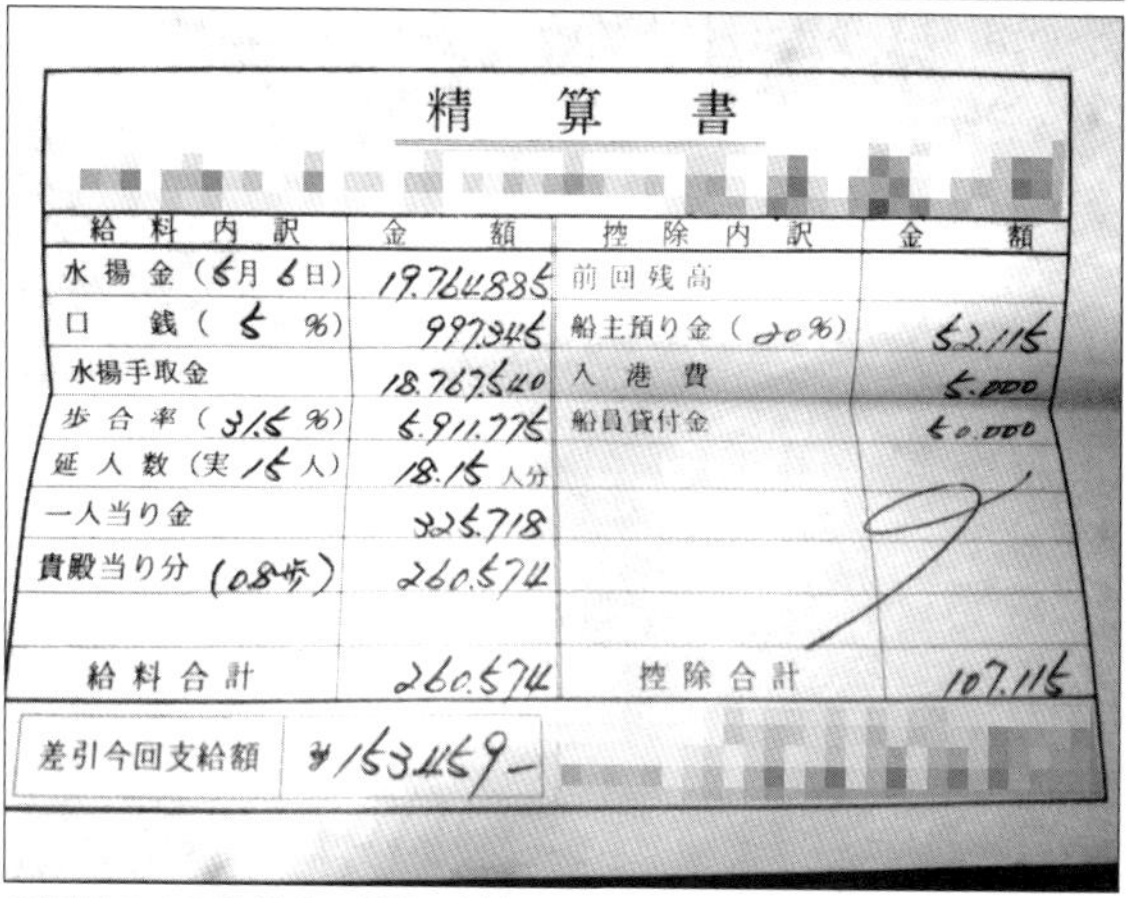

精算書

[redacted]

給料内訳	金額	控除内訳	金額
水揚金（5月6日）	19.764.885	前回残高	
口銭（5%）	997.345	船主預り金（20%）	52.115
水揚手取金	18.767.540	入港費	5.000
歩合率（31.5%）	5.911.775	船員貸付金	50.000
延人数（実15人）	18.15 人分		
一人当り金	325.718		
貴殿当り分（0.8歩）	260.574		
給料合計	260.574	控除合計	107.115

差引今回支給額	￥153.459−	[redacted]

2回目の18秋洋丸の明細（上）と、3回目の18秋洋丸の明細（下）

私は8分から一人前になりたいという気持ちがあったので、英雄さんと安広くんと離れて新しい船に単身で乗りに行きました。

2人とは何か理由があって離れたというわけではなく、3航海も同じ船で行くと、やはりその船からは離れるというのが普通なのです。それに、英雄さんも安広くんもマグロ漁船の仕事を辞めて陸で働くと聞いていました。そういうわけで2人は円満退社していき、私も18秋洋丸を離れることになりました。

私が次に乗った船も、名前は変わらず秋洋丸というのですが、18秋洋丸から68秋洋丸になったので、船会社は同じ系列でも船と船員は違うということです。この船には2航海乗りました。

18秋洋丸で鍛えられたおかげでスナップ外しから餌投げまでできるようになった私は、一応この船で一人前と認めてもらい、ようやく8分を卒業しました。嬉しかったですね。やっと独り立ちできたということで、どの船でもやっていけるという自信がつきました。

この船で最初に仲良くなったのは、私の4つくらい年上の若いお兄さんで、名前は高橋さんといいます。

「初めまして、よろしくね！」

「はい！　よろしくお願いします！」

寝台が端っこで近いこともあって、高橋さんとはすぐに打ち解けました。ヤンキーでもなんでもない普通のお兄さんで、よく女の子の話で盛り上がりました。

「出船のときに女の子が見送りに来てたよね？　彼女？」

「いえいえ、彼女じゃないですよ。ただの高校の同級生です」

「へー、可愛いよねあの子。名前なんていうの？」

「美和って子です」

「じゃあ、今日からお前のことみーって呼ぶわ！　みーよろしくね！」

「あ、はい（なんで俺がみーって呼ばれるんだ？）」

よくわかりませんでしたが、仲良くなれて安心しました。初めての航海は3人の女の子が見送りに来ていましたが、このときには美和ちゃん1人でした。本当に美和ちゃんには感謝です。

マグロ漁船員は女日照りが当たり前なので、遊び盛りの若者にとっては切実な問題です。1か月陸にいないうちに彼女に逃げられるなんていうのは当たり前の話です。だから、陸に上がったらまず女を作る。これが大事です。

女の子の話は船内でも鉄板ネタで、よく盛り上がります。私の友達のマグロ漁船員は、陸に上がるたびにナンパや紹介で彼女を作り、だいたい2週間（遠洋だと1か月）の休暇をエンジョイしていました。それはもう必死だったみたいです。なんだかむなしい現実ですが……。

高橋さんは面白くて親しみやすかったです。無精ひげを生やしていて冴えない浪人生みたいな感じの人でしたが、実はボースン（甲板長）の息子だったのです。しかも冷凍長をやっているという幹部の人間ですから驚きました。実際、仕事もそれなりにできる人でした。高橋さんはクシャッと笑う笑顔がとても印象的で、愛嬌があっていい人でした。

この高橋さんとよくつるんでいたので、新しい船でもなんとかなっていました。マグロ漁船という厳しい職場なので当然不満も多く、よく2人で愚痴っていました。端っこの寝台の前で、2人で酒を飲んでいました。

マグロ漁船は決して楽な仕事ではありません。シケで波は荒れるし、仕事がキツいのはどの船でも変わりません。時には怪我をしたり、命の危険にさらされたりすることもあります。サメも多くて本当に怖いです。

私も両親が借金をしていなければ当然マグロ漁船などには乗っていませんし、すべては親のためです。

そういう過酷な環境で生き抜くには、心を許せる話し相手が必要なのです。こういう人の存在は航海において重要だと思います。

まもちゃん

この船にもいろいろな人が乗っていました。

私の隣の2段ベッドの下で寝ているのが、蛭子さんみたいな感じのおじいさんです。腹が出ていて、仕事の腕は普通というか年寄りのような働きぶりで、力があるわけでも抜きん出てスキルがあるわけでもないしベテランでもない、とにかく普通の人でした。

この人はやたらネチネチと口うるさかったです。「寝てるときにうるさい。カチャカチャお菓子食ってる音がする」とか文句を言ってくるのですが、私は「お菓子くらい食うわ!」と高橋さんに愚痴っていました。蛭子さんは船の中では目立つ存在でもなかったのですが、高橋さんも嫌っているようで、しょっちゅう不満を口にしていました。

この蛭子さんの上で寝ているのが守さんという人で、寝台から足を投げ出してウイスキーをロックで飲んでいるお兄さんでした。とても静かな人だったのですが、この守さんが偶然にも、誠寿郎という私の友達のお兄さんでした。誠寿郎は元ヤンで、100キロくらいある巨漢です。セー坊というあだ名で呼ばれていて、私と名前が似ていて面白いヤツだったので、すっかり意気投合しました。

セー坊のことは、農林高校時代に私と一緒に1年の生徒をシメていた親友の光義から紹介してもらいました。ちなみに私も同級生だった水産高校の番長を光義に紹介しています。これは水産と農林が喧嘩にならないよう友好関係を築くための知恵で、頭同士を会わせておくという戦略でした。

私の地元はセー坊や光義の住む街からは遠く、車でも1時間以上かかるところだったので、その周辺のヤンキー事情がまったくわかりませんでした。

守さんがセー坊のお兄さんだということはマグロ漁船を上がってから知りました。守さんも地元では相当恐れられていたらしく、無敵で凶暴で誰もが恐れる〝まもちゃん〟という感じだったそうです。

実際、船の上でも恐ろしいです。見た目がボディビルダーのような筋骨隆々の体というのもありますが、怒ると怖い人でした。

一度まもちゃんがハンドルをやっていて、ひどいシケで視界が悪くなったとき、

「オラ！　早くブラン外せ！」と鬼の形相で怒られたことがあります。シケで周りが見えないときのハンドル操作は特に大変で、針が飛んでくることもありますし、ブランを外さないと仕掛けを巻き込んでしまい、誰かに針が刺さるなど重大な事故の元となります。このときは私が悪かったのですが、いきなり怒鳴られて怖かったです。

それ以外は本当に穏やかな人で、仕事はできるし力はあるし、カッコよかったです。私が「早く帰りたいっすね」とこぼしたら、まもちゃんは「まだまだ。この漁じゃ金になんねーよ」と言っていました。

航海を終えた後に、まもちゃんのことを光義に話しました。

「おめー、よく生きて帰ってきたなあ～」

「優しかったぞ、まもちゃん」

「バガ言うなおめー、あの人めちゃくちゃおっかねーぞ」

筋肉ムキムキで顔面凶器みたいな光義が言うんだから相当なのでしょう。

超絶ブラック労働

68秋洋丸の給料は合計21万４５４０円です。
船主預かり金４万２９０８円、
入港費５０００円、
船員貸付金10万円、
控除額は合計で14万７９０８円、
今回の差引支給額は６万６６３２円。
また、２分金は１航海４万２９０８円、
船員保険料２万３９８０円、
組合費２０００円、
源泉徴収税５７２０円、
控除額合計３万１７００円、
差引支給額は１万１２０８円。
マグロ漁船員には労働基準法ではなく、船員法という別の法律が適用されます。

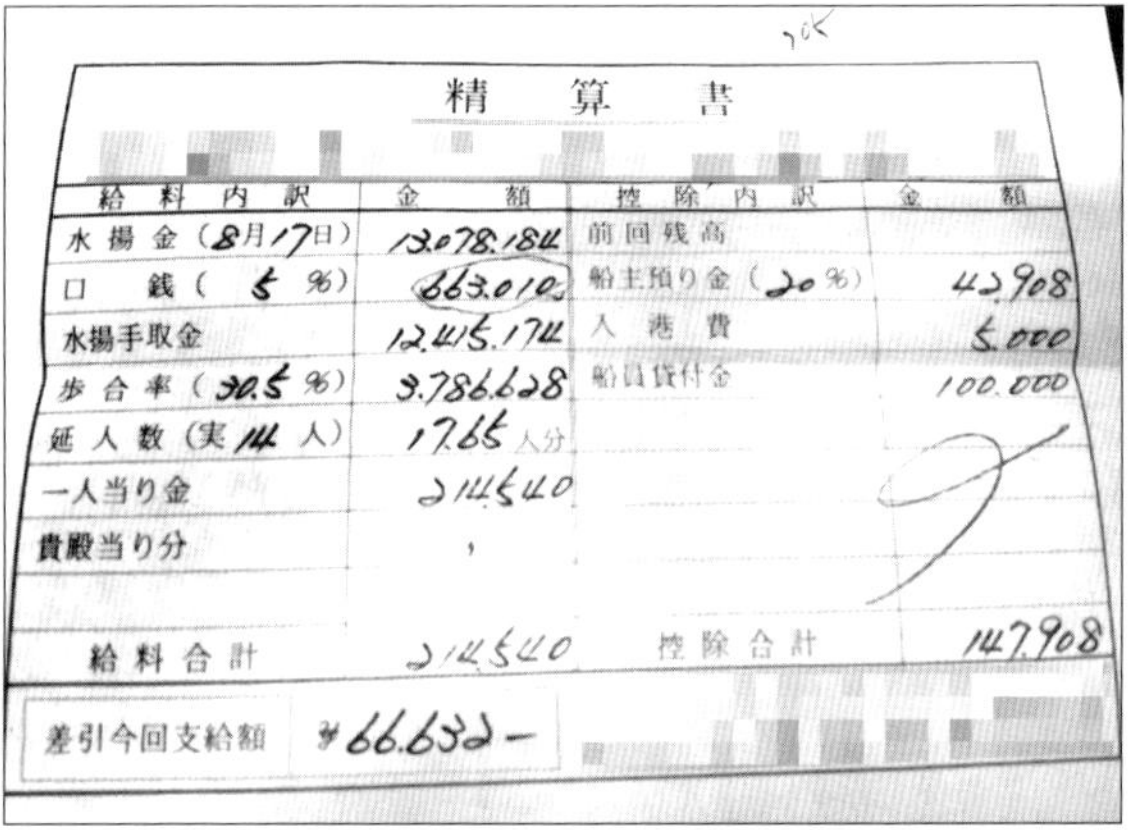

精算書

給料内訳	金額	控除内訳	金額
水揚金（8月17日）	13.078.184	前回残高	
口銭（5%）	663.010	船主預り金（20%）	42.908
水揚手取金	12.415.174	入港費	5.000
歩合率（30.5%）	3.786.628	船員貸付金	100.000
延人数（実14人）	17.65人分		
一人当り金	214540		
貴殿当り分	,		
給料合計	214540	控除合計	147.908

差引今回支給額 ¥66.632－

68 秋洋丸の給与明細

それゆえ、超絶ブラック労働を毎日させられることになります。

　揚げ縄終了2時間前くらいに、投縄の当番が先に風呂に入って寝ます。揚げ縄が終わると起こされて、すぐに投縄です。投縄まで2時間くらい寝られるというわけです。それから投縄を4～5時間くらいやって、3時間くらい寝ます。その後12～20時間続く揚げ縄が始まります。

　投縄があるときの睡眠時間は合計5時間くらいで、そうでないときは7～8時間寝られます。飯は日に4回、15分くらいで食べて交代です。タバコを吸う暇もないので、1本くわえてもう1本を耳に挟んでオモテに出てきます。休みに関しては、船頭が休みと言うまで基本的にありません。こんな労働環境で働かされるというのがマグロ漁船の実態です。

陸の仕事であれば真面目に仕事をしない人なんて腐るほどいると思いますが、マグロ漁船にはそういった船員は一人もいません。見たことがない。超絶ブラック労働な上に、海に落ちて波に流されたら一巻の終わりという過酷な環境に置かれています。たとえ不真面目な人がいたとしてもみんなシャキッと目が覚めて、マグロとの格闘に熱中します。そういう意味ではある意味、更生に適した場所でもあるのかなと思います。

陸に上がって大金を手にして豪遊したあげく、ヤクザや闇金からお金を借りてしまい、借金返済のために再びマグロ漁船に乗る……なんていう人もいるそうです。

私が肌感覚で感じたところからすると、こうした構図はかなりリアルな話だと思います。ヤクザの人たちもそれは想定内なので、入船の際に迎えに来ていたりするのでしょう。借金返済のためにマグロ漁船に乗るというのは都市伝説だとよく言われますが、確かにそういった人はあまりいないのかもしれません。私が親の借金返済のために乗ったのは確かですが。

3章

本当の闇を知る

バイク事故で休む

私は陸に上がると、マグロ漁船のことなど忘れて、バイクで走り回って遊んでいました。

「トシ！　バイク貸してな」

「あ〜いいよ、せー」

次の航海の準備を整えた出船前日、水産高校に通ういとこのトシユキからバイクを借りて、2人で田舎道を流していました。絞りハンドルのMBXだったと思います。トシユキの父親は船会社の社長をやっているのですが、私もトシユキから「うちの船来い」とか言ってもらっていました。近所なのでふらっと家に寄っては「バイク貸して」なんて言えるくらいの仲良しでした。

田舎道を走っていても警察なんて来ませんから、ヘルメットなんて被りませんし無免許です。免許なんて車運転するときだけ取れればいいと思っていたので、あまり気にしていませんでした。

細い坂道を勢いよくフォーンと加速していくと、前からセダンが飛び出してきました。

「危ねえ！」

慌てて避けましたが、横道の土手にバイクの頭から刺さりました。

「痛えー！」

「せー！　大丈夫か？」

借りたバイクに乗っていたのに、壊してしまいました。

「大丈夫だ！　でも腕が痛え……！」

「医者に診てもらったほうがいいな」

病院に行ったところ、手首の捻挫で全治1か月の診断でした。

このとき前から飛び出してきたセダンは、なんとうちのオヤジのセドリックでした。車検の帰りらしく、車屋さんが運転していました。

（こんな片側一車線の田舎道で、真っ黒いピカピカのセダンが来るわけがない。やっぱりうちの車かよ……）

それからギプスを巻かれて、そのまま安静にするよう言われました。

結局そのまま出船当日を迎え、マグロ漁船には乗れないことになりました。オヤジの車に乗せてもらって1時間かけて港まで向かい、乗るはずだった船のもとへと行きました。もうカッコ悪いし恥ずかしいし、顔を真っ赤にしながら船頭さんに頭を下げていました。仕込み金も使って必要なものまで揃えて船に積んであるのですが、仕方がないので全部下ろしました。これで1航海お休みです。

家に帰ると、オヤジが昼間から布団に入って出てきません。マジか、寝込みやがった。オヤジ流のむつけるというやつです。こちらの方言で、すねるという意味ですね。

(俺だってわざと事故ったわけじゃないんだし、やっちまったことはしょうがねえだろ……)

そう思っていましたが、とにかくオヤジのこういう態度が嫌でした。寝込んでむつけているオヤジに対してどう接していいかわからず頭を抱えました。本当に困ります。

そうして腹を括って、オヤジに言いました。

「父ちゃん、俺、治ったらまたマグロ行くからさ、元気出してな」

「うん、わかった」

オヤジは背を向けながらそう答えました。依然家計も苦しい状況でしたが、完治した後、またマグロ漁船に乗船することになりました。

乱暴なボースン

無事に怪我も治り、私が乗るはずだった68秋洋丸も帰港したので、もう一度乗ることになりました。事故を起こしてからはバイクを乗り回して遊ぶなんてことはせず、あくまで足代わりとして安全運転でゴリラに乗っていました。そうして2度目の68秋洋丸での航海が始まりました。

仲の良かった高橋さんの父親であるボースン（甲板長）が、この船のお目付け役でした。顔は真っ黒くて背が高くて、漁師らしい顔つきのおっさんなのですが、この人が口うるさいので私はあまり好きではありませんでした。

最初は「息子が冷凍長だから、手伝ってあげてね」くらいの穏やかな口調でしたが、だんだんと口うるさくなってきました。

「えーこの！　まかまかって、この！」

なまりが酷いのですが、「タラタラやりやがって、この！」みたいな感じの悪口です。腹が立ちますね。私も5航海目ということで慣れてきたこともあり、たまにこういう感じの人に言い返すようになりました。まあ、5航海ではまだまだ未熟でしたが。

そのうえ、なんと18秋洋丸で一緒だったお目付け役のナンバンが乗っていました。

（あちゃー、なんでいるんだよ……）

どうやら船を変えてきたようです。

「しぇー、友達だべ。よろしくな」

「はい！　ナンバン、こっち来たんすね」

「ああ、そうだ。こっちはどんな感じだよ」

「みんないい人ですよ」

そんな感じで状況を説明していました。さすがに「あんたが一番厄介だよ」とは言えませんでしたけどね。

もう一緒に乗ってしまったものはしょうがない。今の自分は一人前の給料をもらっているんだから大丈夫。あとはなんとかなる。そんなふうに自分に言い聞かせていました。

ある日、相変わらず高橋さんとつるみながら毎日の超絶ブラック労働をこなしていたとき、ボースンから「氷砕きを手伝え」と言われました。カメの中で、ボースンが氷を掘っていたので、私もその作業を手伝うことになりました。しかし、そこでボースンから何か悪口を言われたので、私もとっさに言い返しました。

「なんだとこの野郎！　うるせーんだよ！」

するとボースンは氷を砕くスコップを振り上げて、ドガーンとヘルメットの上から私の頭を叩きました。一瞬何が起こったかわからず、びっくりしました。

「生意気な！　このガキ！」

顔を真っ赤にしたボースンが、氷を踏みしめながら怒りました。

「テメー、警察に言うからな！」

「おう、好きにしろ！」

さすがにスコップで頭をぶっ叩かれたら冗談じゃない、もうただの喧嘩では済まないぞ。そう思っていたのですが、その後何かあったわけでもなく、この話はいつの間にかなくなりました。ただボースンが若造にヤキを入れたというだけですし、このくらいはどこにでもある話です。海の上に警察がいるわけではありませんし、こんな仕打ちでも黙って耐えるしかありません。マグロ漁船はそういうところです。

こうしたことがなあなあに済まされている場所なんだなと理解し、私はこのことについて触れるのをやめました。相手は上司であるボースンですし、私のほうが立場が弱いので仕方ありません。

5航海くらい経験はあっても、まだまだわからないことも多い下っ端の人間なので、こういう目に遭うのは普通だということです。逆に言えば、仕事がすべての世界なので、仕事さえできれば10代の若者でも対等に扱ってもらえるわけです。

厄介者のシャチ

私はまだメカジキの解剖をしたことがなく、マグロの三枚下ろしもできませんでした。マグロ漁船で下ろすマグロは「食われ」といって、シャチなどに少し食べられてしまったマグロです。食われは上がっても基本的に売り物にならないので、三枚に下ろして船員みんなで食べます。

この時に三枚下ろしの練習をしておかないと、本番で下ろせなくて困ることになります。マグロ漁船ではメンツを保つことが大事なので、「できない」とか「わからない」とか言っていてはナメられてしまいます。わからないことを一つ一つ覚えて、潰していくというのがとても重要なのです。

解剖といっても三枚下ろしはできないし、メカジキはやったことがない。普通のサメ（ヨシキリザメ）はできてもマイラ（アオザメ）はできない。まだまだ修行が必要だな、と自分を客観的に評価していました。

また、仕事を覚えたとしてもその場その場で臨機応変に対応できなければいけません。応用が利かないような人は、あまり大したことないと思われて、やはりナメられてしまいます。そのあたり、遠洋マグロ漁船で1年間かけてケープタウンや大西洋なんかで働いていた人は仕事ができるなと思いました。

ちなみに近海でも遠洋でも、航海にシャチはつきものです。航海中、ドボンドボンと海面から飛び出しながら船についてくる白と黒のボディが見えます。2頭くらい並んでやって来るのですが、シャチの泳ぐ下にはさらに何頭ものシャチがいると言われています。

マグロ漁船においては非常に厄介な相手で、揚げ縄で釣れるマグロがほとんど頭だけしか残っていないということもよく起きます。

「あー、また頭だけだ。シャチにやられてるわ」

こんな声が聞こえてきた日には、1日に何本ものマグロがシャチに食われています。

シャチは非常に賢い動物なので、シャチ自体が釣れることはまずありません。そして非常に凶暴で、人間にも襲い掛かります。噂では、海に落ちた船員のところにシャチが現れ、口先でポーンと上空に飛ばして落ちてきたところをバクッと食べてしまったという話があります。非常に恐ろしいです。

私もあるとき、マグロを引っ張っているときに魚影が見えてきたと思ったら、別の黒い魚影が現れ、目の前でマグロがバクッと食われたことがあります。海のギャングと呼ばれるくらい恐ろしい生き物です。

シャチにはしょっちゅう出くわしますが、珍しい魚に出会うこともあります。

ブラン手繰りや縄送り（縄の傷を見て、縄を機械で送って収納する仕事）を終え、トモに向かって歩いていると、ゴゴゴゴゴゴ、と船がアスタン（バック）をかけています。オモテが何やら騒がしい。

何が起きたのか気になって行ってみると、マンボウが海面にぷかぷか浮かんで寝ていたのです。銛を構えた人がマンボウに銛を刺すと、ズズズズとマンボウが一気に海中へもぐり始めました。大物を捕らえようとみんなで引っ張り始めました。私は離れて興味津々と見ていたのですが、ついにマンボウが揚がると、あまりの大きさに驚きました。

お目付け役のナンバンがマンボウをさばいたのですが、マンボウまでさばけるのかと感心しました。マンボウの体からは大量の水が流れ始め、杏仁豆腐のように真っ白なドでかい身を、ノートくらいに四角く切り分けていました。

それをコック長に渡してイカの刺身くらいに切り分け、酢味噌で和えて食べました。

美味い！　これは美味い！　初めて食べたマンボウは美味かったです。あっさりしていて、生臭くなくて、ふわっとした食感です。

「あんまり食うなよ、眠たくなるから」

コック長にそう言われてびっくりしました。すげー物食ったわ。でも、マンボウを食べるためにわざわざアスタンかけて引っ張っていたんかい！　と笑ってしまいました。

サメの死体の山に落とされる

68秋洋丸の2航海目を終え、給料は合計で28万5288円。
入港費5000円、
船員貸付金10万円、
船員保険4万7960円、
組合費6000円、
源泉徴収税7720円、
控除合計16万6680円、
差引支給額は11万8608円。これが手取りです。
実際にかかる仕込み金（船員貸付金）は5万円くらいなので、さらに5万円プラスで渡されていたと思います。
近海マグロ漁船で稼いだこれらのお金は、どうやら借金返済のためではなく民宿を始めるにあたって購入した家電製品代や、家族の生活費として使われていたそうです。

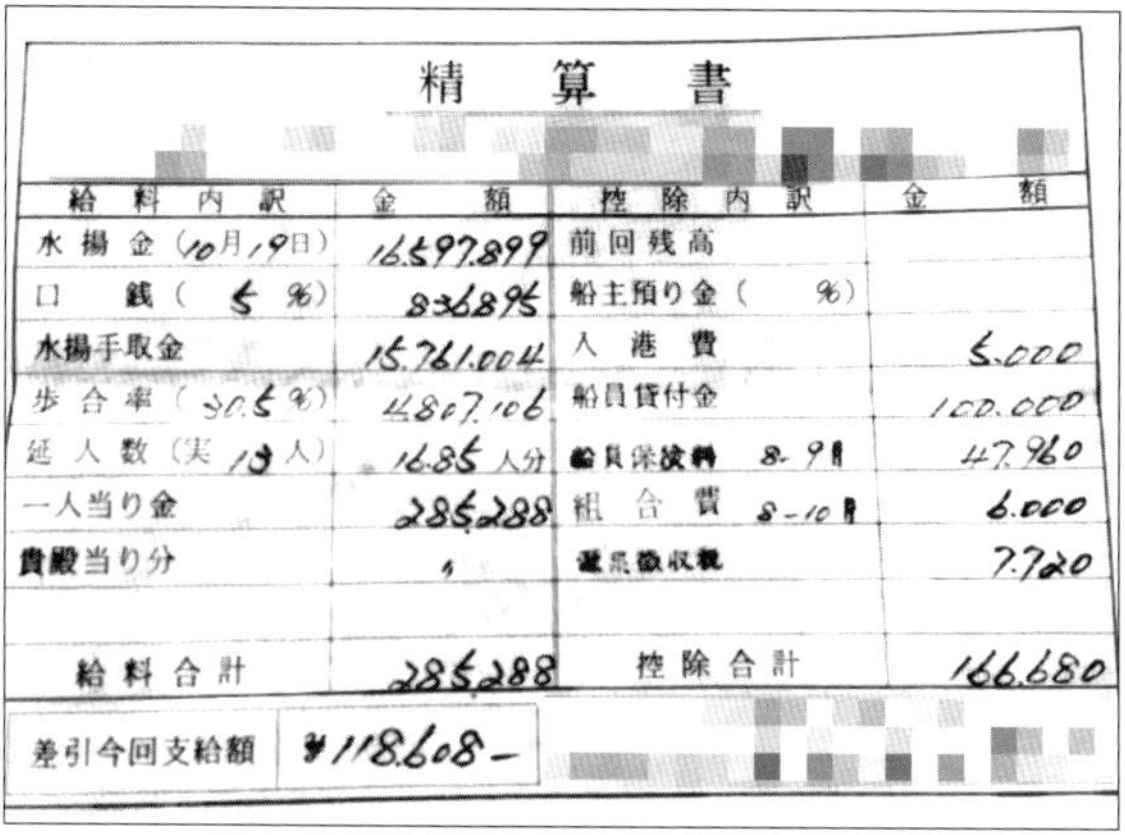

精　算　書

給料内訳	金額	控除内訳	金額
水揚金（10月19日）	16.597.899	前回残高	
口　銭（ 5 %）	836.895	船主預り金（　%）	
水揚手取金	15.761.004	入港費	5.000
歩合率（30.5 %）	4.807.106	船員貸付金	100.000
延人数（実 13 人）	16.85 人分	船員保険料　8-9月	47.960
一人当り金	285.288	組合費　8-10月	6.000
貴殿当り分	,	[illegible]	7.720
給料合計	285.288	控除合計	166.680
差引今回支給額	¥118.608―		

２度目の68秋洋丸の給与明細

17歳の少年が月に15～20万円持ってくるのだから、生活はとりあえずできますよね。お金の動きを聞くと複雑な気持ちにもなります。あんなに大変な思いをして稼いだお金がアワビ畜養の借金には充てられていないのかと思うと、悔しくなったりもします。

宴会場で使うプロジェクションテレビとかカラオケセットとか、他にもエアコンとか業務用冷蔵庫とかいろいろあったので、かなり借金していたのだと推察しました。民宿はすぐにたたんでしまったので、今となっては何の価値もありません。

港から家に帰り、お袋に給料を手渡しました。

「お疲れ様、ありがとうね」

そう言って笑顔で微笑んでくれました。

いつものようにお袋が振る舞ってくれたごちそうを、家族みんなで食べました。オヤジにも漁船のことをいろいろと話しました。

「父ちゃん、今回は一人で行ったけど、なんとかなったよ」

「そうかそうか。当たり前だ、仕事覚えて一人前もらってんだからな」

オヤジも上機嫌で、ビールを飲みながら話を聞いてくれました。船員の話、マグロの話、シャチの話、漁船の食事の話、大シケの話……オヤジにはありとあらゆる話をしていたので、オヤジもマグロ漁船のことならたいてい知っていたと思います。


そしてその夜、オヤジの車に乗せてもらい、水揚げをしに港へ向かいました。せっかく陸に上がれたのにまた港へ行くのは正直嫌でしたが、仕事なので仕方ありません。行きたくないけど今日の水揚げが終わればあとは休みだ。そう自分に言い聞かせて船へと向かいました。

港に着くと、仲のいい高橋さんがいました。

「みー、カメに入ってサメ揚げてくれ」

「カメに入るって、水揚げ？」

「そうそう。お前がカメに入ってサメ揚げてくれ」

「えー、俺やったことないよ」

「いいからいいから」

そう言われ、やむなくカメに入りました。中に入ると、とにかく臭い！　サメは死ぬとアンモニア臭を出すので、小便臭くてたまりません。しかも濡れているので、水がびちゃびちゃ跳ねて顔にかかります。気分は最悪です。

でもやったことのない仕事ですから、とりあえず言われた通りにやるしかありません。不安でいっぱいでした。

上からアンカーが落ちてきて、「いいぞー」という合図があったらサメの尻尾に刺してある縄をアンカーに掛けまくります。

初めての作業ですが、必死にやっていました。すると高橋さんが「おいおい、こうだよ！　違う違う！」と文句を言い始めました。そのうち私も「なんだよ！　そんなこと言うなよ！」と言い返し、喧嘩のようになっていきました。高橋さんは私が父親のボースンに文句言ったことに憤りを感じていたのかもしれません。

サメの死体だらけのカメの中に落とされて、上から見下ろされて文句を言われて、終わりの見えないサメの水揚げをしている自分がみじめに思えてきました。

するど、友達の兄貴のまもちゃんがやってきて、私を見下ろしました。

「うーん、イマイチだな、そうじゃないんだよな……」

「そうそう、イマイチだよね」

（イマイチイマイチうるせーんだよ！　こんなところに落としやがって！）

心の中でそう叫んでいました。仕事できなきゃただのカス、そういう場所なのでとにかく仕事はなんでも覚えなければいけない。強くそう思いました。

いとこのヤンキーと一緒に乗船

68秋洋丸を上がって休暇を取り、秀樹ちゃんのところへ遊びに行っていると、仕事の話になりました。

「今おめえ何やってんのや、仕事」

「今マグロ上がって休みだよ」

「だったら一緒に行くか？　4か月航海だけどよ」

「うん、わかった。いいと思う」

こんな感じで私は二つ返事で秀樹ちゃんの誘いに乗り、次の仕事が決まりました。秀樹ちゃんとならいいかな、とあまり深く考えずに決めました。しかし、この安易な判断が良くなかったな、とのちのち後悔することになります。

そもそも私は秀樹ちゃんとはあまり仲良くありませんでした。お兄さんの安広くんとは仲が良くて、なんでも言えるし気を遣わず付き合える兄貴のような存在だったのですが、秀樹ちゃんは違いました。少年ヤクザと呼ばれるくらい気が短く喧嘩っ早い性格で、安広くんと違って暴力的という印象が強かったのです。吊り上がった細い目で髭を生やしていて、中村獅童に似た顔で見た目も結構怖いです。

秀樹ちゃんは1つ年上で中学校でも先輩なのですが、秀樹ちゃん1人の力で地元の不良の間でもうちの中学の名前が轟いていたと思います。私の同級生もだいぶヤキを入れられていましたし、いろいろな噂も耳にしていました。

「隣町の有名な不良のAくんが秀樹ちゃんにヤキを入れられた。XJ400に乗って日章カラーのジェットヘルを被って『ゴラー！　テメー！』とか言いながら追いかけられたらしい」とかそんな噂をよく聞いていました。間違いなく筋金入りのヤンキーです。

秀樹ちゃんのバックも得体が知れなくて、名前が出るのは有名な人ばかりでした。付き合いが悪くなったという理由で不良たちが秀樹ちゃんの部屋に上がり込んでいきなり秀樹ちゃんを殴るとか、単車で遊んでいたら車で来て秀樹ちゃんが拉致られるとか、秀樹ちゃんの周りには怖い先輩方がいて、不穏な話が絶えませんでした。

こんな感じの秀樹ちゃんなので、気を遣わずに付き合えるという感じにはなりませんでしたし、私とは相性がよくないと思っていました。

とはいえ、マグロ漁船に一緒に乗った英雄さんやその友達の組長さんと仲良くなれたのは、この秀樹ちゃんを通してでした。組長さんと秀樹ちゃんは一緒にマグロ漁船に乗船していたこともあるそうです。不良のネットワークというわけですね。

初めての遠洋マグロ漁船

こうして近海マグロ漁船だけ経験していた私は、18喜龍丸という遠洋マグロ漁船に乗ることになりました。早速秀樹ちゃんと仕込みに向かい、船頭さんに挨拶して私物を詰め込みました。

覚悟を決めて、4か月間の航海へと出発です。

出船後、約2週間はひたすら船を走らせました。目的地はハワイよりさらに先、中米のパナマ付近です。この間は操業しませんが、船員にはいろいろと仕事があります。

特に大変だったのが、ブラン刺し。ブランを縄刺しの要領でほどいて編み込んで、スパイキ（先の尖った棒）を使って刺していきます。これが難しいというか、そもそも近海マグロ漁船ではやったことのない作業だったので、なかなかできませんでした。ブランはマグロが掛かったときに引っ張る仕掛けの細い縄ですが、縄刺しをするときの縄よりもずっと細いので、なかなか刺せません。

ブランと悪戦苦闘していると、この船のボースンが寄ってきました。

「なんだ、ブラン刺しできねえのか?」

「はい、すいません……」

「そうかそうか。ならシメつけながら教えるしかねえな」

「すいません……」

シメつけながらとは、殴りつけながらという意味です。

ボースンは髭がボーボーで髪も長く、体も大きいので熊みたいな男です。このボースンがパワハラを繰り返していました。

操業が始まると「何やってんだ!」「バガこの!」とボースンに怒鳴られまくります。そして「バガ野郎!」とケツを蹴られる。毎日こんな感じでした。たまにタバコをもらうこともありますが、暴力と暴言が続いてとてもキツかったです。

ボースンはもちろん仕事はできますし、遠洋マグロ漁船で1年航海とかをやってきたベテランでした。マグロ漁船員はだいたい箔をつけるために10か月や1年という長い航海に行き、ケープタウンや大西洋での本マグロ漁を経験して、こうした航海期間の短い船で役職つきで働いているのだと思います。それくらいメンツにこだわる一面があります。

ボースンから暴力を振るわれるだけでもキツいのですが、最悪なことに、このボースンと投縄チームで一緒でした。

毎回投縄の日になるとボースンと投縄をするので、そのたびにパワハラを受けていました。

「バガこの！　何やってんだこのポンスケ！」

毎回こんな感じで言われるので、私もふつふつと怒りが込み上げてきました。そしてついに我慢できなくなり、ある日の投縄が始まった夜、とうとう言ってしまいました。

「テメー、陸に上がったら見てろよ！　ただじゃおかねえからな！」

まるで捨て台詞のように喧嘩を売りましたが、その場を立ち去るわけでもなく、私は餌投げ、ボースンはスナップ掛けを続けていました。するとボースンはスナップのついたブランを振り回し、器用にも先端のスナップで私の顔をぶっ叩きました。

「いでー！」

激しい痛みに顔を押さえると、こめかみにスナップが当たって流血していました。

痛いし熱いし、わけがわからない状況でした。その後も無理やり投縄を続け、後からボースンに説教されました。このときのボースンは怒鳴るわけでもなく、諭すように静かに話してきました。

「バガだな、おめえは。もうあんなこと言うなよ」

船のオモテで傷に絆創膏を貼ってもらいました。

「はい、すいません」

私も殴り掛かって喧嘩しても構わないのですが、なんせ海の上ですから落とされたらひとたまりもありません。そうやってふと冷静に考えられたので、それ以上は事を大きくしませんでした。

でも、窮鼠猫を噛むと言うように、追い詰められたら噛みつくぞ！　というところを見せられたのは満足でした。よくやった、俺！　そんなふうに自分に言い聞かせ、寝台で毛布にくるまりました。

その後もパワハラは続きましたが、前よりは少なくなったような気がします。気のせいだったかもしれませんが。

パワハラが当たり前の暴力船

パワハラが酷いのは、ボースンだけではありませんでした。この船は暴力船です。冷凍長は男前で俳優みたいな顔をしていますが、凶暴な人でした。冷凍長は解剖がヘタクソだと、本気で長靴でケツを蹴ってきます。

「バガヤロー！」

ドーン！　ひたすら蹴られまくりでした。警察なんてどこを見渡してもいませんから、ひたすら暴力に耐えるしかありません。

毎日大小にかかわらずたくさんのマグロが釣れてくるので、そのたびに解剖をしていましたが、近海と遠洋では魚の保存方法がまるで違います。近海ではマグロを氷漬けにするのでエラと内臓を抜けば済むのですが、遠洋ではマグロを冷凍するのでそれ専用の丁寧な解剖をしなければいけません。これが私にはわからないのでよく失敗しては蹴られていました。

初めての遠洋がこの船で、この暴力冷凍長がマグロ解剖の先生という最悪の状況でしたが、4か月間逃げられないというのが苦しかったです。私の人生で一番暴力を振ってきたのはこの冷凍長です。後にも先にもこの人を超える人はいないでしょう。トラウマになるレベルの暴力です。私も今までの不良生活で中学の頃から後輩をよく殴っていたので、因果応報なのかなと悟りました。

まずは暴力に耐えて、とにかく解剖の仕事だけは早く覚えようと気合いを入れました。

小さなマグロがどんどん釣れてくるときがあるのですが、体が小さいぶん解剖の作業も細かくなるので難しいです。そのとき、誤ってマグロの顎を切ってしまいました。やべーと青くなっていたとき、冷凍長が後ろからすっ飛んできて、「何やってんだゴラー!」とケツに蹴りを入れられました。小さなマグロが憎かったですね。

その後、一等航海士にも殴られました。「モタモタすんな!」とゲンコツがこめかみに飛んできました。船長にも殴られました。縄の傷を見る仕事でもつれを送ったと言われ、「何やってんだコラ!」とこめかみを殴られました。

俺は何をやってんだろう。

悲しみと苦しみで空を見上げたことが何度もありました。

マグロ漁船での若者の事故死というのが一時期多くありましたが、ほとんどがこうした環境下での暴力やパワハラを原因とした自殺だそうです。

私は当時そこまでは考えませんでしたが、耐えがたい苦痛は数多く経験していました。これが4か月ではなく1年航海だったらなおさらつらかったでしょうね。私も耐えられなかったと思います。運がよかったのでしょう。

それに、このパワハラ冷凍長は非常に恐ろしくて逆らえないのですが、悔しいことに仕事ができる上にカッコいいんですね。私にとっては憧れの存在でもありました。たしかこの冷凍長も1年航海で本マグロ漁の船に乗っていたと聞きました。

後でこの冷凍長のスタイルを真似て、赤と青のカッパとジャージ、真っ白い手袋や帽子など、冷凍長と同じものを揃えて仕込みをしたのを覚えています。私が暴力を振るうことはありませんが、カッコよかったので違う船で冷凍長の真似をしたりもしました。

ヤクザの弟がいじめられる

この船にはもう1人、遠洋マグロ漁船に乗って間もない人がいました。虎男さんといい、強そうな名前とは違ってとても優しい顔をした、気のいい人でした。50代くらいのおじさんで、マグロ漁船の経験がほとんどないのか、スナップ外しはできても他の仕事はあまりできないし、歳も歳なので力が足りずに魚を引っ張れないという有様でした。ワニみたいに大きなサメや100キロ級のマグロも釣れるので、さすがに素人のような人には引っ張れるものではありません。

「トラー！　何やってんだ！」

虎男さんもボースンたちから暴言を吐かれ、いじめられていました。

ただ、虎男さんには普通の人とは違う事情がありました。虎男さんのお兄さんが現役のヤクザの幹部だったのです。船が入港すると、若い衆を連れて迎えに来るというのです。この話を小耳に挟んだとき、この船の幹部は航海中に虎男さんをいじめたケジメを取られるのではないかと密かに思っていました。

当時、私は虎男さんと仲が良く、唯一いじめの痛みを分かり合える相手でした。

私はこの機会に、ボースンがヤクザの兄貴にケジメを取られればいいと思っていました。人の恨みというのは恐ろしいですね。

私も虎男さんを気遣って「ボースンは虎男さんのことといじめたんだから、兄貴に言ったらいいのに」と言いました。すると虎男さんは「俺はそういうのいいからさ」と受け流しました。

（本当にいい人だなあ。でも、もしかして兄貴に言われてマグロ漁船に乗せられたんじゃないだろうか？）

そうやっていろいろ詮索したりもしました。

マグロ漁船は仕事ができなければ鼻クソみたいな扱いを受けます。なぜなら、未熟な船員のせいで自分たちの負担が増えるからです。これができない、あれができないと言っている船員のケツを拭くのが当たり前になってしまえば、平等ではなくなる。だから仕事ができないヤツは暴言を吐かれたりケツを蹴られたりする、というのです。

彼らの理屈がわからないことはないのですが、こういったことを平気でする暴力船はまれで、普通ならここまで酷いパワハラはしません。

殴る蹴るの暴力を加えるのはほとんど幹部です。これを平の船員にやられたらさすがに黙ってはいられませんし、喧嘩が始まります。しかし、幹部の人たちには実際に仕事で迷惑をかけているので申し訳ないという気持ちもあり、殴られても蹴られても我慢できていました。運が悪いと耐えるしかありませんでした。

一等機関士が片目を失明する

一等機関士はファーストと呼ばれる役職で、この船にも1人ファーストがいました。歳は30歳前後と若い人です。なかなかの男前で仕事もできて、優しい兄貴のような存在でした。私が冷凍長やボースンから暴言を吐かれていると、ファーストは「こうだからダメなんよ、こうすればいいんだよ」と親身になってきちんと指導してくれました。

正義感が強く面倒見のいい人で、私が機関室でワッツをしているファーストのところを通りかかると声を掛けてくれます。いつもこの人が教えてくれればよかったのにと思いました。

この頃から、仕掛けのブランの先のほう、針までの数メートルがワイヤーから透明なテグスに変わりました。マグロに仕掛けだと見破られにくくするためだとは思うのですが、これが厄介で、ブラン手繰りのときにクシャクシャになってしまって巻き揚げにくいのです。

遠洋の延縄漁では、1500メートルくらいの長さの縄に10メートル間隔で仕掛けをつけていきます。スナップで仕掛けがずれないように固定したら、餌をつけて海にどんどんと投入していきます。

魚が釣れてくると、魚を船に揚げるときにビーン！　と針が外れて飛んでくるかもしれないので、ボースンが竹の鉤を使って針が飛ばないように押さえながら引っ張ったり、ヘルメットを深く被って目を防御したりと、いろいろ大変でした。

私がオモテでの仕事を終えてトモのヤマに向かっていたとき、「釣り針刺さったー！」と声が聞こえました。どうやらファーストらしいです。びっくりして声のするほうに駆けていくと、ファーストは運ばれて寝台で手当を受けていました。遠くからファーストの顔を覗いてみると、釣り針が目のあたりに刺さっているのが見えました。

ショックを受けてどうしたらいいかもわからず動揺していると、「いいから仕事しろ」と言われました。入れた縄は揚げないといけないので、つらい気持ちを抑えながら仕事をしました。

この事故の詳細はこうです。

クシャクシャになったテグスは専用の器具に引っ掛けて伸ばすという直し方があ

るのですが、あまりにもつれが酷いものは切って投げます。テグスを節約しろとかは言われないのでどんどん投げるのが普通ですが、ファーストは一生懸命テグスを引っ張っていました。そのとき器具ではなく適当なところに引っ掛けて、力任せに伸ばしていたら針が外れてしまい、目玉の黒目にビーンと飛んできて突き刺さったというわけです。

この事故で、ファーストは片目を失明しました。

この日からファーストには会えなくなりました。声も掛けられないし、そもそも会ってなんと声を掛ければいいかもわからない。そんな状態でした。船は1週間かけて北太平洋のミッドウェー島までたどり着きました。禍々しい軍事要塞のような島で、とても気味が悪かったです。

ミッドウェー島にはドクターのような人がいたのでファーストを受け渡しました。ファーストはハワイ経由で日本に帰国するということでした。何日も眼球に針が刺さったままで、相当苦しかったと思います。

航海を終えて入港すると、ファーストが出迎えてくれました。サングラスをしていましたが、見るからに元気そうで本当によかったです。

相変わらずの暴力

ファーストが船を去ってからも、船での暴力は続きました。毎日のように怒号が飛んでいましたが、そのほとんどがボースンの声でした。

ある朝、みんなが寝起きで揚げ縄を始めたばかりの時間、餌を移動させる仕事がありました。カメがマグロでいっぱいになってしまったため、餌をどかしてスペースを作るということです。バケツリレーの要領で列を作り、冷凍された餌箱を手渡していきました。かなり重いため、何箱も運んでいくのは疲れます。

淡々と作業を進めていたとき、ボースンがまた因縁をつけてきました。

「バガこの！」

次の瞬間、ドガーン！　と重い餌箱を鈍器のようにして、ヘルメットの上から私の頭を殴りつけました。ものすごい衝撃が走りました。

「いでー！」

私は頭を押さえながらその場にしゃがみこみました。

「バガ野郎、この！」

今回の暴力は特に理由もなく、完全にいじめとしか思えません。船の甲板長という立場の人間が、船員に大怪我を負わせかねない暴力を働くなど許されるべきものではないのですが、それを誰もとがめようとせず、見て見ぬふりをしていました。私は悔しくて、ショックで頭が真っ白になりました。

また、ボースンと一緒のチームで投縄を行っていたとき、ブランに傷があるから刺せとの命令で、一生懸命ブラン刺しを行っていました。すると焦るあまり指に力が入り、誤って指を刺してしまい、流れた血がブランについていました。すぐさまボースンに報告すると「どれ見せろ！　……生（血）出しても刺せてるし、とりあえず合格だな」と言われました。

ボースンだけでなく冷凍長からの暴力も相変わらずで、マグロの解剖がうまくできないと「なんだこの解剖！」と言われてドガーンとケツを蹴られます。一等航海士や船長からの暴力は次第になくなっていきましたが、それでもいろいろと文句を言われることは多かったです。

私はまだまだマグロやメカジキの三枚下ろしもできず、覚えることもたくさんあったので、「これも修行だ。ここで揉まれて修羅場をくぐって仕事を覚えるんだ」というマインドを持って仕事に当たりました。しかし、やはり肉体的にも精神的にもダメージが大きいのは事実でした。もう暴力や暴言に関しては諦めていて、耐え忍びながら帰る日をじっと待つしかなかったというのが本音です。

それでもこのつらい日々を乗り越えられたのは、4か月という短めの期間だったこともありますが、私と同じようにいじめられていた虎男さんと慰め合えたことも大きいと思います。

「今日もおごらいだ（怒られた）〜」

「俺なんかね、餌箱を頭に落とされだから」

「そうが？　酷いな〜。がんばっぺしね（頑張ろうね）」

「うんうん」

いじめに関しては諦めながらも、二人で励まし合ってきました。虎男さんの存在は私にとって心の支えでした。本当に感謝しています。

いとことの不和

さて、ここまで一向に名前が出なかった秀樹ちゃんですが、彼とは揉めることもありました。

私と秀樹ちゃんの寝台は地下の奥にあって、隣で向かい合わせに寝ていました。ある日、彼と共用のロッカーにエロ本を見つけたので、ついつい借りて読んでしまいました。エロ本を読みながら寝台に寝転がっていると、秀樹ちゃんに思いっきり殴られました。

「おめえ、何勝手に読んでんのや！」

2回ほど強く殴られました。勝手に読んでしまったのはこちらも悪いのですが、ここまでやられるとは思いませんでした。

しかも、秀樹ちゃんは私がボースンや冷凍長から暴力や暴言を浴びせられているのを知っていながら、それを助けずに一緒になって陰口を言っていたようです。

やっぱりこういうヤツだった。一緒に船の上で助け合える仲間だと思って頼りにしていたのに。英雄さんや安広くんとは大違いで、彼もいじめに加担していました。

秀樹ちゃんとは一緒に小さな頃からよく遊んでいましたが、仲がいいとはあまり思ったことがありませんでした。

「おめえのせいで、連れてきたこっちまで文句言われるし、恥ずかしいわ」

秀樹ちゃんからその言葉を聞いた私はとてもショックを受けました。

こんなことを言われてしまったため、私からは話しかけることもできず、だんだんと疎遠になっていきました。心細くてつらかったです。海の上から逃げることはできませんし、寝台は隣です。私もひたすら秀樹ちゃんに対して無視を決め込みました。

秀樹ちゃんが人前で暴力を振るってくることはありませんでしたが、もしそこまでしていたら私も喧嘩を吹っかけていたかもしれません。どうなってもいいと思ってタイマンを張っていたと思います。

男として、そこまでなじられるのは我慢ならない状況でした。ショックであると同時に非常に腹立たしく感じていて、ひょっとすると、逆にこの怒りが暴力船での航海を耐える原動力になっていたのかもしれません。

こんな仲違いがあったので、私にとって船の上での脅威がボースンから秀樹ちゃんになりました。かえってボースンも、もちろん冷凍長も怖くなくなったほどです。
これからの秀樹ちゃんとの関係が面倒なことになると思いました。
そして、私が知人を連れていくことになったら絶対に見捨てないようにしようと心に誓いました。

出船から2か月くらい経って、だんだんこの環境にも慣れてきた日のこと、私はオモテでの仕事を終えてトモへと休憩に向かい、包んだブランをベルトコンベアに載せて歩いていました。そのとき、ヤマから見下ろす人がいました。秀樹ちゃんです。

秀樹ちゃんはこちらを睨み、ガンをつけてきました。私は寝台で殴られたこともあって、無視してあくびをしながら歩いていると、後ろからガツーンと殴られました。

「ゴラァ、テメー！」

それから間髪を入れず蹴られたり殴られたり、服は破られたりと酷い有り様でした。そして呆気にとられているうちに秀樹ちゃんは無言でヤマに戻っていきました。

正直、私もヤンキーだったので殴られること自体に痛みは感じませんし、大したことではありません。しかし、魂が泣いているというか、心はひどく傷つきました。体はどうということはないのに、つらいという感情が込み上げてくるのです。

陸であればこのくらいのことはスルーして、1週間くらいで立ち直ると思います。しかし船の上では秀樹ちゃんと毎日近くで寝なければいけないのです。


しばらくして、ヤマにいる秀樹ちゃんのところに行って、詫びを入れました。

「ほんとすいませんでした」

「おう、殺すからな」

こんなことを言われて、もう何も考えられなくなりました。私のマグロ漁船人生の中で、ここが一番苦しかった。そんなふうに感じます。メンタルが回復するまでには時間がかかりました。

無視すれば殴られるので、それからはきちんと挨拶するようになりました。

今考えてみれば、あのとき挨拶くらいしておけば、素直に頭を下げていればよかったなと思います。わだかまりはありましたが、私にも非はありました。それに、目を逸らしてあくびをされたら私でもムカついて殴ったかもしれません。

思えば、秀樹ちゃんには助けてもらったことが何度もあります。私が中学時代やヤンキー時代に怖い人から目をつけられたとき、「おらいの（うちの）いとこだから勘弁して」と言って守ってくれました。私が敵対していた人を（こちらから頼んではいませんが）ボコボコにしてくれたり、水産高校の3年に電車でビンタされてクンロクを入れられたときは、そいつを先輩と拉致ってヤキを入れてくれたりしました。

そうした恩義があるので、今では何とも思っていません。私も生意気だったし、仕事ができないことで恥をかかせて悪かったという気持ちがあります。秀樹ちゃんにはむしろ感謝しています。

冷凍長の優しさ

ある日、操業が休みになって布団で横になっていると、話し声が聞こえてきました。冷凍長が、隣の寝台にいる秀樹ちゃんのところへ遊びに来ているようです。嫌だなあ、と思いながら聞き耳を立てていると、何やら諭すように冷凍長が話しています。

「いいか、友達っていうのはどんなことがあっても友達なんだよ。連れてきたんだったら、こういうときちゃんと声かけてやらないと可哀想じゃないか？　男ってそういうもんだろ！」

「でも、こいつが仕事できないせいで俺まで言われるんすよ！」

「そういうときに声かけてやんのが友達だろ！」

こんな感じで私のことを話していました。私は寝台のカーテンの向こうで、声を押し殺して泣きました。冷凍長は私のつらさをわかってくれていたのです。

わざわざこんな説教といいますか、秀樹ちゃんに言って聞かせるために冷凍長がやって来るとは思いませんでした。この暴力船でのしんどさを本気で相談できる人はいませんでしたし、苦しみを理解されないまま、ただ耐えるしかないと思っていたので、涙が溢れてきました。言い合いになるくらい激しい口調で話していたので、私は寝台から出るに出られず寝たふりをしていました。

秀樹ちゃんにあんなことを面と向かって言えるのは冷凍長くらいなものですから、本当に救われた気持ちになりました。この人の男気には感謝しています。それからも相変わらず冷凍長は蹴りを入れてきましたが、ただの暴力男じゃないんだな、と尊敬するようになりました。

どういう切っ掛けかはわかりませんが、それから冷凍長とボースンの仲が悪くなり、お互いが無視をするようになりました。きっと冷凍長は思いやりのある人だから、冷淡な悪魔のようなボースンとは合わないんだろうな、と勝手に思っていました。

ハワイ上陸

マグロ漁船での操業がすべて終わり、帰りの燃料補給のためにハワイへ向かいました。このときは本当に嬉しくて、今までのつらさも忘れて舞い上がっていました。数日間海の上を進むと、ハワイの夜景が見えてきました。漁船から見たハワイの夜景は本当に綺麗で、今まで見たどんなものよりも感動したのを覚えています。

波で船が揺れるたびにゆらゆらと見える夜景。遠くに見えているのになかなか着かない。そんな印象が強くて、彼方に見える楽園のような場所へ行けると思うと気持ちが高揚してきました。これでやっと帰れるという安心も、解放感をさらに強めました。

結局その日の夜には到着せず、ハワイに上陸したのは日が昇ってからでした。絶景の夜景が見えるのに船にゆらゆら揺られて数時間待たされるのは何ともじれったかったのですが、ハワイでは夜に入港手続きができなかったので仕方ありません。

寝台に入って少し眠りについてから起きてみると、ハワイの港がもう目の前に迫っていました。レッド（船から桟橋へと投げるロープの先の重り）を投げて、現地の人にもやい結びで係留してもらい、無事にハワイに上陸。その後は船頭から300ドルをもらい、出かけてもよし、船で寝ていてもよしという適当な説明を受けました。

どうしようか迷っていると、大音量で車の音が聞こえてきました。ブオンブオンブオーン！　こんな轟音を出すのはスポーツカーか改造した車です。みるみるうちに見事なアメ車がたくさんやって来ました。運転していたのは台湾人の女の子でした。

そこからママみたいな派手な年配のおばちゃんが来て、「あなたたち、お店行くわよ」と言って船員たちを誘いました。行く人はみんな車に乗せてもらえるのですが、私はためらっていました。

（えー、怖いよ俺、どうすればいいんだよ。ここ日本じゃねえし、おっかねえよ）どうせ売春組織だろうと疑っていましたし、当時エイズが流行っていたこともあって恐怖感もあり、本音を言えば行きたくありませんでした。

それでもハワイの観光ができるとか、美味いものが食えるとか、買い物ができるとか教えてもらったので、それならそれで行きたいなと思っていました。少しくらいハワイのことを教えてくれよ、と思いましたが、そこは不親切な暴力船でしたね。

船頭からも行くように勧められました。

「せー、行ってこいよ。車に乗ってみんな行くから」

「わかりました」

とりあえず、ハワイに来てまで船で寝ているのは嫌だったので、みんなと一緒に店に行くことになりました。


店の中はかなり広く、客には船乗りがたくさんいました。といってもほとんどが自分の船の船員でしたが。ワイワイガヤガヤと賑やかな空間で、みんな女性と一緒に騒いでいました。

私の隣にも女性がやってきました。

「失礼します」

私よりもだいぶ年上の、30代半ばから後半くらいの台湾人の女性で、正直「おばちゃんかよ～」と思っていました。

「私、飲んでもいいですか?」

「あ、いいよ、どうぞ」

「じゃあ、300ドルください」

「え? 300ドル? なんで?」

「飲んでいいと言ったでしょ。私とアナタ、今日は一緒にいる」

「えー! なんでそうなるんだ!」

びっくりしました。なんだ、この契約は? 何も聞いてないけど? 誰も教えてくれないし、どうすればいいんだよ。300ドル払うのは嫌でしたが、観光と食事に連れて行ってくれるというので、考えた末に渋々承諾しました。

そして300ドルを払って、車であちこち向かいました。焼肉を食べて、スカイラウンジというハワイで一番高い高層ビルの最上階のクラブでお酒を飲みました。

「いや~、意外と楽しいな」

最初は渋っていた私でしたが、それなりに満喫していました。

その後、船まで送ってもらいましたが、女性に誘われました。

「家に来て寝るよ、アナタ」

「いや〜、いいよ」
うちに来いと説得されたわけですが、やはりハワイにいるのに船で寝るのは嫌なので、女性の言うとおり家に行って、何もせず寝ました。エイズが怖かったのと、さすがにおばちゃんは無理かな、ということで。

次の日も、いろいろ観光に連れて行ってもらいました。アラモアナショッピングセンターで買い物をしたり、パイナップル畑などの名所を回ってソフトクリームを食べたりと、相当楽しめました。できればワイキキビーチで泳いでみたかったのですが、これは叶いませんでした。この女性には本当に良くしてもらったので感謝しています。

ハワイといえば、プライベートビーチで泳いでハワイアンな音楽を聴きながらパラソルの下でブルーハワイを飲むというのが私の理想的なハワイの楽しみ方でしたが、まあこれはこれで最高に楽しかったです。マグロ漁船に乗ってさんざん苦労してきた私にとっては最高のご褒美でした。

この後、免税店で葉巻やグアバジュース、マカダミアナッツのチョコレートなんかを大量に購入し、ラーセンのシップボトルやレミーマルタンも買い、爆買いをしました。この分が給料から何十万円も引かれているというのにはだいぶ後になって気づきました。

無事に帰還

帰港すると水揚げが始まりました。これが船員が行う最後の水揚げで、今後の水揚げはマグロ漁船員ではなく専門の職人さんが行うことになりました。業界全体の動きですね。

初めて冷凍マグロの水揚げを行いましたが、かなり怖かったです。まずクレーン車が1台やってきて、陸に揚がったマグロをノンコ（鉤）で運ぶ作業着の人たちも来ました。パンチパーマとか角刈りとか、ヤクザみたいな見た目の強面の業者さんが多かったです。

クレーンのアンカーをカメに下ろしてもらい、船員が防寒着を着てカメの中に入ります。何をすればいいかなどは教えられませんでした。技術は見て盗めということです。

アンカーが下りてきたら、マグロの尻尾についている縄をアンカーに掛けます。木になっているバナナのように、ものすごい量のマグロをかけていきます。

そして「おーい！　いいぞ！」と合図をすると、クレーンで一気に引き上げてい

冷凍マグロの水揚げ

きます。ミシミシミシミシ……とマグロの重みでクレーンのきしむ音がします。その下にいる私は、あまりの恐怖で足がすくんで動けなくなりました。

「何やってんだゴラァ！　挟まれたら死ぬぞ！」

冷凍長にぶん殴られました。壁に押し付けられて、5、6発殴られました。そこからは冷凍長におびえながら馬車馬のように働き、水揚げは終わりました。このときの冷凍長が怖すぎて、水揚げより冷凍長が怖いな、と思いました。

もうすぐ家に帰るのに殴られるというのは嫌な気分でしたが、「あのとき殴られて目が覚めたのかもしれない。殴られなければビビって怪我していたかもしれない」といいように考えていました。冷凍長にはこのときを最後に会っていません。

なんとか初めての遠洋延縄漁での仕事を終え、帰還しました。いろいろあったけれど、まあ無事に帰れたのだからよかった、と安堵感が押し寄せてきました。

18喜龍丸で過ごした日数は132日。約4か月航海です。

給料は合計152万4745円。

前渡し金（送金額）102万1583円、

ホノルル三崎税関8万3168円、

控除合計131万7891円、

差引支給額20万6854円。

初めての4か月遠洋延縄漁で、送金が3か月で約102万円できたので、お袋も喜んだと思います。借金に充てられたのかどうかはともかく、家族が暮らすための生活費と、民宿を始める時に購入した家電製品代の返済に充てられたと話していました。

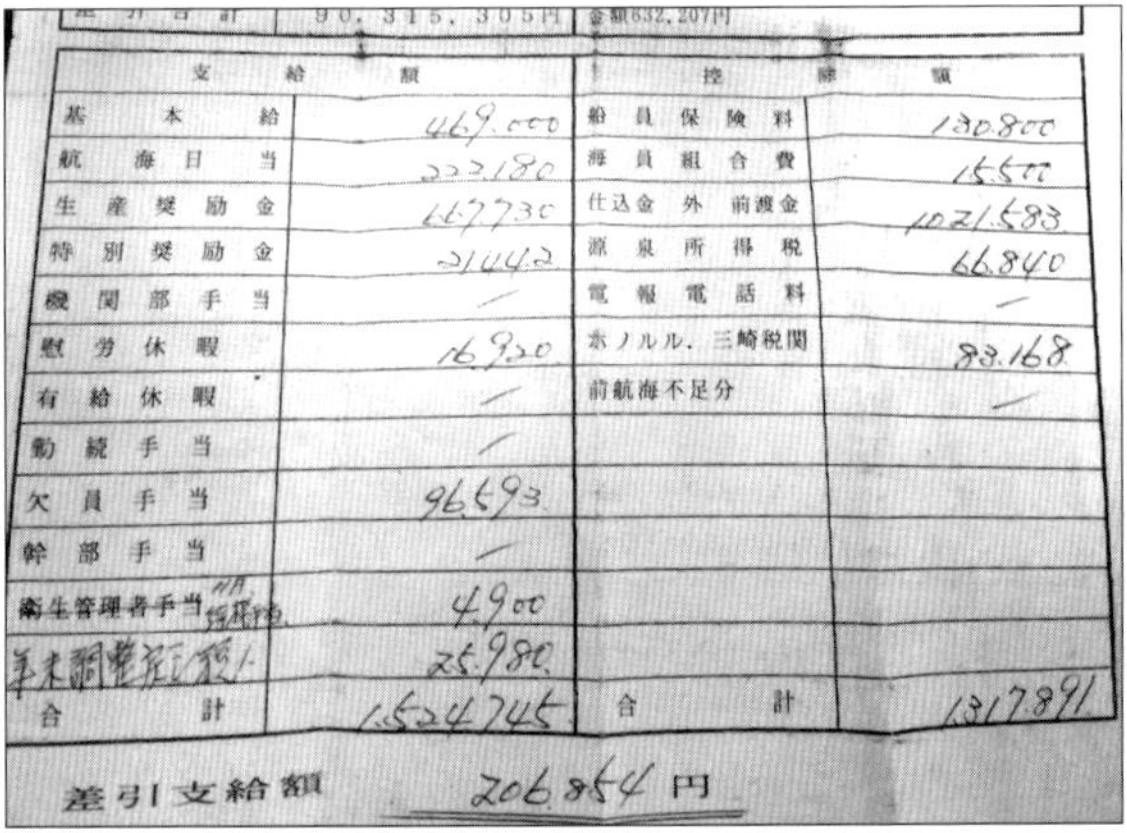

90，315，305円 金額632，207円

支給額		控除額	
基本給	469.000	船員保険料	130.800
航海日当	222.180	海員組合費	15.500
生産奨励金	667.730	仕込金外前渡金	1021.583
特別奨励金	21442	源泉所得税	66.840
機関部手当	―	電報電話料	―
慰労休暇	16.920	ホノルル．三崎税関	83.168
有給休暇	―	前航海不足分	―
勤続手当	―		
欠員手当	96.693		
幹部手当	―		
衛生管理者手当 [illegible]	4.900		
[illegible]	25.980		
合計	1.524.745	合計	1317.891

差引支給額 206.854円

18喜龍丸での給与明細

今思えば家計への貢献度はかなり高かったのですが、当時はそんなことを知る由もなく、黙々とマグロ漁船で自分の仕事のスキルを磨いていました。「遠洋延縄漁を経験して、これで少しは箔が付いたかな？」と思っていました。

4章

果てしない遠洋航海

10か月航海

遠洋延縄漁を経験し、休暇を取っていたところに、近所に住むいとこのトシユキから連絡がありました。船会社の社長をやっているトシユキの父親（私から見ておじ）から、うちのマグロ漁船に乗らないかというお誘いがあったのです。

社長のおんちゃんは本当にしつこくて、「せーが欲しい、うちのマグロ漁船に乗せてくれ」とオヤジを口説いていました。私は「今さら近海マグロに行くのもちょっとなあ」と思い、断り続けていました。

しかもこの船は兄弟船なので、船員がみんな知り合いのおんちゃんやお兄ちゃんたちばかりです。それに地元の不良仲間も集結している感じなので、人間関係が面倒くさそうでした。これだけ知り合いばかりではかえってやりづらいし、遠洋延縄の仕事をやっと覚えたので、次行くなら遠洋と決めていました。

そしたら社長のおんちゃんは諦めたのか、今度は違うお願いをしてきました。

「せー、うちのトシユキを遠洋延縄に連れて行ってくれ」

「え？　マジで言ってんのおんちゃん。俺はいいけどさあ」

トシユキとは親友のように仲がいいので何も問題はありません。彼も水産高校を卒業したので、いずれ将来は親のマグロ漁船に乗る運命です。その前に仕事を覚えるための武者修行として、私と一緒に遠洋延縄へ行かせるというのです。

これで次の航海はトシユキと一緒に行くことになりました。期間はなんと10か月です。

私はいいとしても、トシユキはつらかったでしょう。いきなり10か月航海なんてやるもんじゃないと思います。

トシユキは見た目こそ少し貧弱そうですが、元ヤンキーで根性もあって思い切りがよく、結構大胆なこともやる男でした。頭も決して悪くはないです。

「せー、よろしく頼むね」

「トシ、本当にいいのか？　俺もおめーがいたら楽しいけどな」

トシとは一緒に水産高校の連中に立ち向かった仲です。水産の強いヤツらを引き合わせてくれたのもトシでした。それで水産高校と農林高校にものすごい数の友達ができたのを覚えています。水産高校の番長もトシの親友でした。

そんなトシと一緒に10か月航海をすることになるとは縁があるなと思いました。

「社長のおんちゃんのためにも、トシを一人前にしなければ」と気合いを入れました。

この船の船頭さんは、わざわざ自宅まで車を走らせて挨拶に来てくれました。港からだと車で1時間以上かかります。

「初めまして、亀清丸船頭の黒木です」

「初めまして」

親も同伴で話しました。船頭さんは小柄で色黒で中東っぽい顔をした、頑固そうな人でした。家に来るだけあって、はっきりと物を言う人でした。親父はえらく気に入ったみたいです。

「仕込みまでにその髪の色は直してきてね。みんなびっくりするから」

「あ、はい」

当時、オキシドールで色を抜いて茶色にしていて、わりと気に入っていたのですがダメでした。

そんな話をしているうちに、船頭はとんでもないことを言いだしました。

「うちで冷凍助手をやってほしいんだ」

「え、冷凍助手？」

「そう。うちの冷凍長は真面目なヤツなんだけど、その男を助けてほしいんだ」

「はい、わかりました！」

ここでまさかの昇格人事。最近ようやく遠洋の解剖を覚えたばかりなのに大丈夫か？　とも考えましたが、もうやるしかないと心に決め、トシも連れていくわけだし箔もつくだろうと思い、やってみることにしました。

ハワイに入港

仕込みを終え、トシとともに亀清丸に乗り込みました。

10か月航海の遠洋延縄船ともなると船体はかなり大きく、乗組員も多くなります。ハワイ沖・グアム沖・パナマ近辺で操業する船は、およそ120トン、定員約20名、全長25メートルくらいです。大西洋やケープタウンで操業する本マグロ船は1年、長ければ500日ほど操業するため、これよりさらに大きいといいます。私はさすがにこの領域までは踏み込みませんでしたが、過酷の極みである反面、仕事が超一流になるのは間違いないと思います。

まずは近くの港に入り、2日間の休みが与えられました。おそらく燃料補給や仕込みのためです。船頭がニヤニヤしながらこちらへ近づいてきました。

「お前ら行ってこいよ、遊んでこい！」

「え？　何すか？」

俺もトシもキョトンとした顔をしていました。

すると、腹の出た怪しいおっちゃんが港へやって来ました。堅気には見えないがヤクザっぽくもない感じの風体でした。

「あ、風俗だ！　トルコ風呂だ！」

1年近くマグロ漁船に乗っていた私は気が付きました。

「お金はいいから、2人で遊んでこい」

船頭にそう言われたのですが、トシにはこの頃婚約者がいました。私もエイズが怖かったので遠慮させてもらいました。ここからはトシの名誉のために、他に行かせてもらった人の話をします。

連れていかれた先には竹藪があって、その先には優美な世界観のあるお店がありました。店内の個室へと案内されると、浴衣のような服を着た女の子が待っており、60分くらい本番をするといいます。いわゆるトルコ風呂、今でいうソープランドです。

こんな接待ある？　お金はどこかで引かれるのか？　経費で落ちるとしても何代になるんだ？　俺は別に頼んでないから接待だろう？　などと考えることもありましたが、そこはマグロ漁船、闇社会の裏組織とつながっているのでしょう。

2日連続で接待するという大盤振る舞いに、船員みんながニヤニヤしながら帰ってきました。すごいなこの船は、と圧倒されました。トシもはしゃいで調子に乗っていたので、操業が始まってからはみっちりしごかれていました。

この船は燃料補給のため、行きと帰りにハワイに寄ることになっていました。2週間ほど走ってハワイに向かっている間、船内では冷凍長と会って親睦を深めていました。この船の冷凍長は30代くらいの若い男性で、痩せ型で男前です。この人も遠洋マグロ漁船の経験が豊富で、ハワイに上陸したときはクラブに連れて行ってもらいました。

冷凍長のコネを利用して、若い女の子をつけてもらいました。ベテランの漁師はハワイの売春組織にも顔が利くのか？

「可愛い！　こんな子がいるんだ？　前回はだいぶ年上のおばちゃんだったのに！」

「せー、良かったな。可愛いやん。俺の紹介だから間違いないべ」

「いやー本当にびっくりしました。ありがとうございます」

お店にコネがあるのとないのとではこんなに違うのかと驚きました。前回の喜龍丸のときとは違い、高級クラブのホステスみたいな女の子でした。とはいえ私はここでも女の子には一切手を触れず、観光と食事に付き合うよう頼んで遊びました。

　この女の子は台湾の人で、焼肉やキムチをガッツリ食べてきました。激辛好きらしく、サンチュを巻いて辛いタレをたっぷり乗せていました。私も食べましたがかなり辛かったです。その後は女の子の家に行って、ダラダラ映画を見て寝ました。次の日はハワイの観光地をいろいろ巡って帰ってきました。楽しかったです。

　一方、トシはというと、ペルー人の可愛い女の子が迎えに来て、そのまま連れていかれました。何をしたかは知りませんが、お互いハワイを満喫できたと思います。

気難しい冷凍長

冷凍長とは初めのうちは打ち解けたつもりでしたが、寡黙でなかなか厳しい人でした。操業が始まると、朝はみんなが寝ている間に冷凍庫で作業をします。防寒着・防寒長靴・防寒手袋・目出し帽を身に着け、極寒の冷凍庫に入ると、先に冷凍長が一人で魚を並べていました。

「おはようございます」

「おはよう」

遅れていくだけでも気まずいのですが、冷凍長はずっと黙々と作業していて、とにかくやりにくかったです。前もって明日の予定を話してくれるわけでもなく、指示もないし、怒られるわけでもない。いやきっと怒っている！

そんな冷凍長の下で一生懸命、冷凍助手の仕事をこなしていました。ブオー、とマイナス60度の庫内がうなっています。放っておいたら凍死してしまうほど寒くて息も凍るような空間です。作業中、ドアは開け放しておくのですが、外から「冷凍庫に誰もいないよな？」なんてドスンとドアを閉められたら、内側から開けることはできません。そのまま凍死してしまいます。

100キロ級のマグロを解剖し、生（血）を抜き、冷凍庫に運んで漬ける（並べる）。これをすべて1人で行います。船員たちは冷凍長と助手がマグロを全部解剖すると思っているので、よく釣れる日には忙しくて昼飯を食べる余裕もありません。そんな状態で100キロのマグロを立たせたり寝かせたりするのですから、帰港する頃には腰をぶっ壊すでしょう。歩合といってもたかが知れていますし、割に合わない仕事です。そんな仕事が毎日続きました。

冷凍助手はキツいです。働き始めて大変後悔しました。そして数か月経つと、私は冷凍助手をやめたいなと思うようにもなってきました。


前の冷凍長は怒るとすぐに暴力を振るう人でしたが、今回の冷凍長は怒るとぶつぶつ言うタイプの人でした。

「また俺がマグロ漬けてこなくちゃなんねーのかよ、あーあ！」

気が短くてイライラしているのでしょうが、すねているのでとても面倒くさいです。私もある程度仕事を覚えてきたので、暴力やパワハラを受けるほどではなくなってきたようですが、このやり取りがなんともストレスでした。人にイライラをぶつけずに我慢しているのだと思いますが。

この船のボースンは少し荒っぽく、ボースンが冷凍長に「このガキ！　この野郎！」と怒鳴り散らしているところを見たことがあります。冷凍長はボースンには逆らえないようでしたが、基本的には親分（船頭）から好かれている人で、少数の人とは仲良く接することができていたようです。

冷凍助手を辞退する

一方で、とても親切な船員もいました。

キャラが立つ芸人のような快活で面白い人です。ロン毛で少し清潔感のない感じでしたが、体はムキムキで特に力持ちでした。

「解剖手伝うが？」

「頼んます」

こんな感じで解剖も率先して手伝ってくれますし、100キロクラスの重いマグロもバンバン運んでくれます。プロレスラー級の怪力です。一度力比べしたのですが、私が125キロのマグロを膝まで持ち上げて、そのまま歩いてシャワーに立たので勝てたと思ったら、プロレスラーは130キロを運んでいました。化け物ですね。この人とは仲が良く、船員みんなから愛される人気者という感じでした。

気難しい冷凍長と仕事をするのは本当に疲れます。

食事の時間にもどんどんマグロが釣れてくるので解剖して100キロクラスのマ

グロを2、3本シャワーで生抜き（血抜き）していると、食事から戻ってきた冷凍長は「これ全部俺が漬けるのがや！」とぶつぶつ一人で怒っていました。

直接言ってくれればいいのに、と日頃から思っていたのですが、お互いがお互いを陰で愚痴るようになってきたので、私もだんだん冷凍長と仕事をすることに耐え切れなくなりました。

指示を出してくることもなければ、話しかけてくることもありません。完全に放置されていて、気に食わないときだけ文句を出してくるような感じでした。

あまりに嫌だったので、出港から3か月ほど経ったある日船頭に相談して、冷凍助手のポジションを降りたいと申し出ました。

船頭は眉間にしわを寄せて答えました。

「そうか。まあ彼はさ、真面目なんだよ。だから人に頼むこともできないし、何も言えないから自分一人で抱え込んで、黙々と仕事をしてしまうんだよな」

船頭の言葉には納得しました。だからこそ、冷凍助手は私ではなくお気楽なプロレスラーみたいなあの人がいいと提案しました。そして船頭が私の要求を呑んでくれたことで、晴れて冷凍助手を辞めることができました。本当に良かったです。

ボースンのいじめ

水産高校を卒業したばかりのトシは、1年生としてこの船に乗りました。

当然仕事ができないどころか、船員としての生活のルールもわからないので、船員たちからは案の定いじめられていました。これが1年生で一番つらいことです。

トシはある日、ボースンから怒鳴られていました。ボースンは身長が高くて目が細く、真っ黒に日焼けした人です。よくどもるので、何を言っているかわからないこともありました。

早朝、スタンバイのベルが鳴ったので揚げ縄をするためにみんなでオモテに行ったら、ボースンが操業のときに軍手の下につけるゴム手袋でトシの顔面をひっぱたいていました。

「オメー、10年はえーんだよ！」

バチーンバチーン！　思いっきりビンタしていましたが、みんなが来たのでボースンは手を止めました。屈辱的ですね。

後でトシに「何したの？」と聞いてみたら、「なんか急にキレられた」と言っていました。それに腹を立てた私は、ボースンがハンドルをしているときに、船のハンドルの横の壁を思いっきり蹴りました。そしてボースンにメンチを切りました。来るなら来いよ！　やってやるぜ！　という挑発的な視線を送りました。ボースンもトシの件で来たと明らかにわかっていたでしょう。ボースンも声を荒らげました。

「なんだこの！」

「あ？　なんだよオラ！」

ボースンはニヤッと笑うと目を逸らしました。

ボースンが私に対して口答えすることはありませんでした。私もこのときはそれなりに仕事ができていましたし、冷凍助手というポジションを与えられてもいたので、ボースンも容易に口を出せなかったのでしょう。私も「もし何か言ってきたら喧嘩してやろう」と思っていました。

また、ボースンは休みの日の朝にトシを起こして、浮き球に掛ける網を編むなどの雑用をさせ、弟子のようにこき使っていました。マグロ漁船は休みだけが楽しみですから、休みくらい休ませてやれよと思っていました。しかもトシは1年生で慣れない環境で疲れているはずなのに、無理やりこんなことをさせられて可哀想だなと思っていました。

それに、私が冷凍助手をしていたときによく思っていたのですが、このボースンは解剖が下手でした。力を入れすぎてマグロの頭に出刃包丁でざっくりと切れ目を入れてしまいます。全然ダメでしたし、他の船員もそう思っていたのでしょうが、ボースンなのであまり指摘できないし怒らせたらうるさいので、みんな黙って知らんぷりしていました。

冷凍助手は他の人が行った解剖の手直しや仕上げも行うのですが、ボースンの解剖を見るたびに「下手くそすぎて直せねーわ」と心の中でつぶやいていました。下手くそなのは仕方ないのですが、切れ目を入れられたらお手上げなので、頼むから100キロクラスは解剖するなよと思っていました。

人をいじめるのだけは一人前だな？　と内心少し見下して優越感に浸っていました。

私も前の暴力船などでさんざんな目に遭ったので、ボースンにいじめられているトシの気持ちはわかります。前の船で秀樹ちゃんの乱暴な言動に深く傷ついたこともあって、私は決してそういういじめをしないと心に誓っていました。

「俺はトシが仕事できなくても何しても、絶対に見捨てない。帰るまでずっと変わらず俺の親友だ。だからいじめるヤツは許さないし、それがボースンだろうが船頭だろうが関係ねえ」

「せー、ありがとう。悪いね」

10か月は長い

２５０回目の操業が終わる頃、ペルーから燃料補給のタンカーが来ました。この船はとても大きく、ハワイ沖の海のど真ん中で油を補給するのでなかなか迫力があります。半袖短パンの黒人さんが乗り込んできて、せっせと作業をしてくれます。

遠洋マグロ漁船の中には、洋上水揚げといって操業途中で海の上でいったん魚をすべて水揚げするものもあります。おそらく大西洋やケープタウンなど長期のマグロ漁船では、大きい船でも５００日くらい操業するときはカメが満杯になるので、途中で水揚げして空っぽにするのでしょう。

さて、ペルーから船の燃料と一緒に、前もって個人で注文していた缶のグアバジュースとマカダミアナッツ入りのチョコレートが届きました。マグロ漁船ではこんなことくらいしか楽しみがありませんが、私は大変喜びました。グアバジュースはドロッとした桃のネクターのようで大好きです。

ハワイ沖で暑い中、操業が休みの日に、トシと一緒にジュースやチョコレートを食べながら船のオモテで日向ぼっこしていました。そこで、トシから言われました。

「俺、このまま海に落ちたら楽になるのかな」

「え？　死にたいってこと？」

「だって、まだまだ帰れないじゃん」

「バカか、あと2か月やそこらだろ。ここまで耐えたのに何言ってんだよ！」

「うん……そうだな」

もう8か月も海の上にいて、トシは相当精神を蝕まれていたのでしょう。私はもう仕事も覚えてきて、みんなと仲良くふざけることもありましたが、1年生のトシにはそんな余裕もなく、過酷な操業の中で尋常でないストレスを受け、ギリギリの状態で8か月耐え抜いたのでしょう。彼も限界を感じていたのだと思います。

社長のおんちゃんに頼まれたんだ。絶対にトシを連れて帰る。私はそう決心して、できる限りトシのそばにいるようにしました。トシが本気で死にたいのではなくただ愚痴をこぼしただけだったとしても、使命感を持っていた私は突き動かされるようにトシの面倒を見てやりました。

初めての航海で10か月というのは半端なくキツいです。大したヤツだな、すごいよトシは。心からそう思いました。

仲の良い船員

10か月航海の船には人も多く、個性豊かな船員がたくさんいました。

スナックの女の子が好きすぎる西村さんは、私と寝台が近く、夜な夜なのろけ話を私たちに聞かせていました。髪はサラサラの七三で色白で爽やかなお兄さんにしか見えず、荒々しい人が多いマグロ漁船には不釣り合いな感じの人でした。

背中に大きな抱き鯉の入れ墨を入れている工藤さんは、小柄で矢沢永吉に似た髪型で、とても優しくて面白い人でした。西村さんは工藤さんと馴染みらしく、「工藤さんは元ヤクザだから気をつけてな、怒ると怖いから」と言われました。現役ではなく元ヤクザで、足を洗ってマグロ漁船で船員をしていたということだと思います。

工藤さんはとにかく仕事のできる人で、私も投縄で一緒になりましたが、工藤さんはよくインドネシア人のナンジョウをからかっていました。ナンジョウは30歳で、チンパンジーみたいな顔をしています。仕事はまだまだでしたが、人懐っこくて純粋なのでみんなでからかって遊んでいました。

「ナンジョウ！　モグちょうだい、モグ」

「はーい、シガレットね！　工藤さん待ってね」

ナンジョウがそう言うと、全員に口移しでタバコをくわえさせてくれます。マグロ漁船の仕事中は手袋が濡れているので、自分でタバコを触ることができません。それなので、誰かに火をつけて口にくわえさせてもらうのがルールになっています。口移しなので、たまに唾液をたっぷりつけてくる人もいて「マジか～」と思うのですが、せっかく親切に持ってきてくれたタバコなのでありがたくいただきます。マグロ漁船なんて魚の血だらけだし臭いし、人の唾液なんて何とも思わなくなります。タバコはすごく嬉しいので、早くタバコちょうだいという感じになります。

私は工藤さんとナンジョウのやり取りを見るのがちょっとした楽しみでした。

西村さんは仕事になると、たまに上から物を言います。「このブランの針の掛け方はダメだ」とか言って、仕事の下手なおじいさんのブラン手繰りを手直しします。

意外と仕事できるんだ？　と思っていましたが、一緒にお風呂に入ったらK－1選手みたいに胸板が厚くてムキムキの体でした。それもそのはずで、過去に冷凍長をやっていたという話も聞きました。人は見かけによらないですね。

この西村さんはときどき、N党党首に似た仲のいい船員さんと並んで政治の話をしていました。「今の若者はこうだ！」「これからの日本はこうでなければ！」「今の総理大臣はこうだ！」なんて話をしていたのですが、マグロ漁船でカッパ着て政治について語っているのが面白くて笑ってしまいました。そしてときどきボースンに「ほら、魚、魚！」と煽られて焦っている二人をよく見ました。

こうした船員たちと仲良くなれたのは救いでしたね。

帰還前のご褒美

やっと10か月の操業を終え、帰還することになりました。

燃料補給のためにハワイへ入港し、1泊してから帰還します。ハワイに着くと、10か月前に立ち寄ったクラブの可愛い女の子が迎えに来ていました。

「アナタ、おかえりなさい。待ってたよ」

「おっ、おう！」

びっくりしました。この船だとよくわかったなあ、と思いましたが、所詮はハワイの売春組織なわけで、いつどの船がハワイに入るなんてことは裏ですべて把握しているのでしょう。

この女の子の「おかえりなさい」という言葉が、なんだか甘酸っぱい感じで、少しだけときめいたのを覚えています。ハワイの売春組織の女性にときめいた瞬間でした。

このとき冷凍長が来て、久しぶりに笑顔で話しかけてくれました。

「やっぱ可愛いな。せーがうらやましいや」

「何言ってんすか、冷凍長」

冷凍長と楽しい会話をしたのは久しぶりです。なんだかんだお世話になったので冷凍長には感謝しています。

その後、女の子に連れられて、また辛いものだらけの店で焼肉を食べて観光し、1泊して船に戻りました。トシもまたペルー人の女の子とどこかへ行ったみたいで、楽しそうな顔をして翌日船に戻ってきました。

トシと2人で免税店に行って、いろいろと買い漁りました。まず葉巻を買って、オヤジにはブランデー、お袋にはシャネルの19番などの香水をおみやげに買い、爆買いをしてハワイを後にしました。

第8亀清丸での給料は、支給合計363万922円。
前渡金185万9040円、
控除合計289万7737円、
差引支給額74万1185円。

トシは帰還後すぐ、新車のレパードを購入しました。現金一括でしょうね。うら

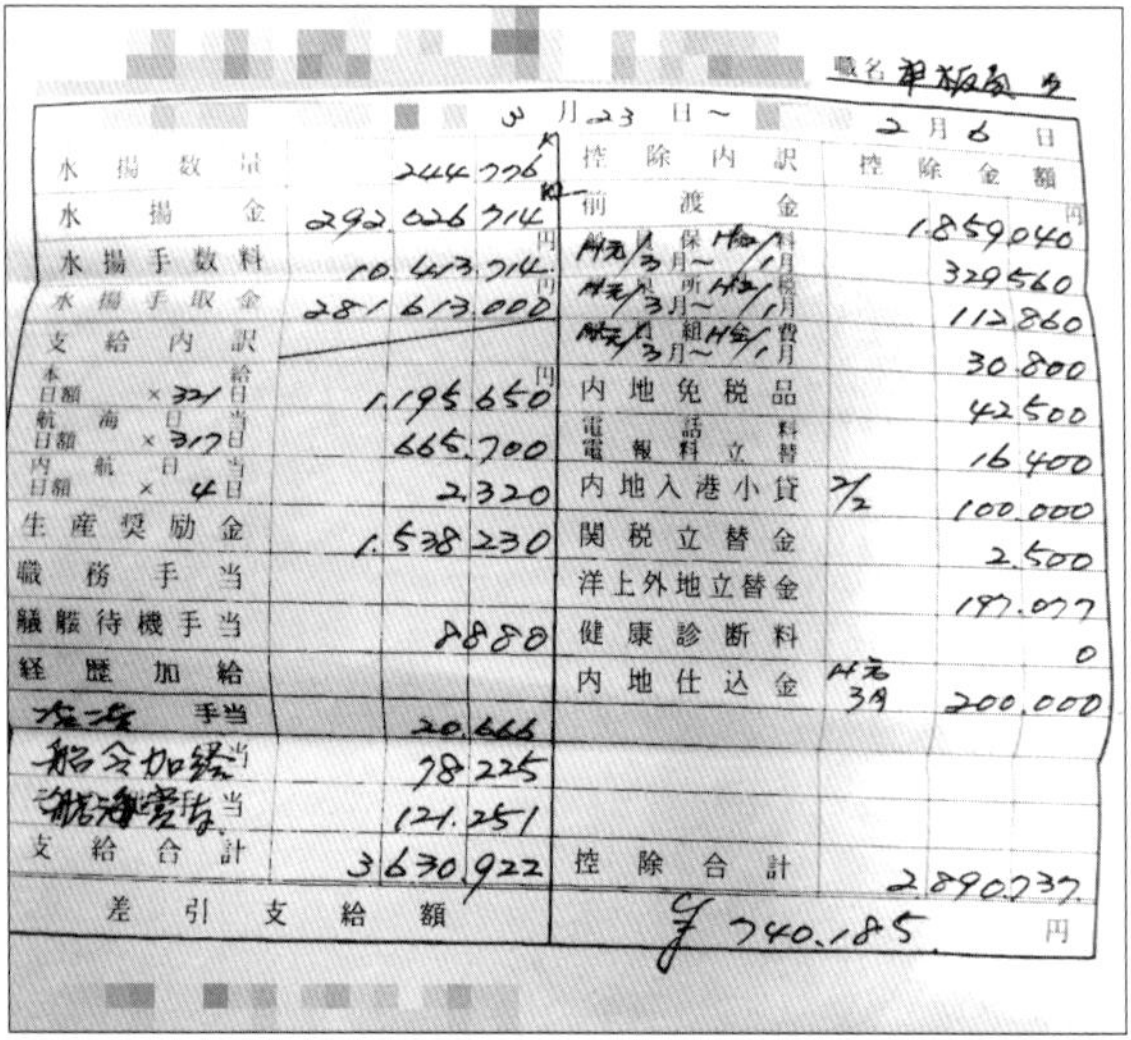

職名 甲板員

3月23日～ 2月6日

水揚数量	244,776	控除内訳		控除金額
水揚金	292,026,714	前渡金		1,859,040円
水揚手数料	10,413,714円	H元/3月～H2/1月 保険料		329,560
水揚手取金	281,613,000円	H元/3月～H2/1月 所得税		112,860
支給内訳		H元/3月～H2/1月 組費		30,800
本給 日額 ×321日	1,195,650円	内地免税品		42,500
航海日当 日額 ×317日	665,700	電話料 電報料立替		16,400
内航日当 日額 ×4日	2,320	内地入港小貸	2/2	100,000
生産奨励金	1,538,230	関税立替金		2,500
職務手当		洋上外地立替金		187,077
艤艤待機手当	8,880	健康診断料		0
経歴加給		内地仕込金	H元 3/9	200,000
[illegible]手当	20,666			
船令加給	78,225			
[illegible]手当	121,251			
支給合計	3,630,922	控除合計		2,890,737
差引支給額		¥740,185円		

亀清丸の給与明細

やましいと同時に、ちょっと落ち込みました。借金を背負っている私に、そんな贅沢をする余裕はありません。

それでも、私の稼いだお金で家族が食えていたなら良しと、あまり深くは考えませんでした。

社長のおんちゃんがオヤジに話していたそうで、オヤジはニコニコしながら教えてくれました。

「せーに預けて本当によかった、ありがとうと伝えてけらい（伝えてくれ）。そう言ってたぞ」

「よかった……」

本当によかった。遠洋マグロ漁船は仕事としてかなり高度で、近海マグロ漁船では体験できない仕事内容ばかりです。高いスキルが要求されるので、トシにとって幹部を目指してのし上がっていくには最高の環境だったと思います。私も鼻が高いです。

1年航海

10か月の航海を終えたあとに次の航海の話が来たのですが、私はそろそろマグロ漁船を辞めたいと思っていました。正直言えばマグロ漁船なんて刑務所のようなところだし、自由もない過酷な場所です。オヤジにも相談しました。

「父ちゃん、そろそろ陸で働きたいから次で終わりにしたいんだ」

「わかった、次で終わりにしてもいいど。あと1回だけ行ってこい」

「ありがとう」

次の船はいよいよ1年航海です。すぐに船が決まり、龍陽丸の船頭に会いました。船頭は親分肌で豪快に笑う強そうな人でした。早速仕込みをして、ハワイ沖の1年航海へと向かいました。


龍陽丸で一番仲良くなったのは、一等航海士のチョフさんでした。一等航海士は「チョフサー」と呼ばれるのですが、意味なんてよくわからなかったので、とりあえず敬意を表してチョフさんと呼んでいました。

チョフさんは身長が高く、坊主頭でカッコよく髭を蓄えていて、オシャレな人でした。優しくて仕事も抜群にできるのですが、どうやら大西洋やケープタウンでの航海も経験していたようです。本マグロ漁をやっている人はレベルが違います。ブランリールがなくても手が機械のように素早く動いて、あっという間にブランを手繰ってしまいます。

仕事ができることはマグロ漁船員のプライドにかかわりますし、仕事を見れば技量はすぐにわかります。敏腕のチョフさんにはみんなが一目置いていました。

出刃包丁を研いでマイ出刃包丁にしたり、クロカワカジキの鼻で作ったテロテロに滑る使いやすいスパイキを作ったりと、こういうことは全部チョフさんに教えてもらいました。

それに、チョフさんは命の恩人でもあります。

ハンドルの仕事をしていたとき、みんなにタバコを分けてあげようと思いました。縄から目を離してタバコをくわえ、ライターでタバコに火をつけようと顔を寄せたその瞬間、ブオーン！　とものすごい音でラインホーラーが緊急停止しました。気づいたときには目の前の縄に針が絡まって、プラプラと揺れていました。

ブリッジで舵をとっているチョフさんが緊急停止してくれたんだ。

私は天を仰ぎました。このまま巻いていたら大怪我していたかもしれない。首などに針が刺さればそのまま機械に巻き込まれてとんでもない事故になっていたかもしれない。

「助かったあ〜……」

大きくため息をつき、安堵すると同時に事の重大さを重く受け止めました。そして、ブリッジのチョフさんに頭を下げました。もう二度とハンドルでタバコはつけないと誓いました。止めるのはハンドルの私しかいませんから。

「仕事で一番死ぬのはハンドルだよね」とベテランの船員さんが話していたことを思い出しました。

恵まれた船

今回の船では人間関係に恵まれていました。

この船には歳の近い人も2人乗っていて、船頭の息子の秀明と、宮古市出身のヒデアキがいました。2人は同じ名前なので、船頭の息子のほうは秀、宮古市出身のほうは宮古と呼ばれていました。

秀は私より1つ年上ですが、経験は私のほうが上だったので秀と呼び捨てにしていました。彼は水産高校がある気仙沼近辺の出身で、色白でパンチパーマで目が細く、背の高い細マッチョです。器が大きく、優しくていい人でした。秀は水産高校出身ではありませんが、水産に行っていたら番格とかになっていたかもしれません。秀は陸に上がると毎日パチスロを打ちに行くらしく、ヘビーなギャンブラーでした。

宮古はB'zの稲葉さんをちょっと崩したような感じのイケメンでしたが、なまりが酷いのでよくからかっていました。

船長は気のいいおじいさんでしたし、ボースンも大人しい働き者でした。今までにこんないい船は見たことがないと思うほど素晴らしい環境でした。さすが船頭、わかってらっしゃると思いました。船頭も私を息子のようにかわいがってくれました。

特に、歳の近い秀とはよくつるんでいました。100キロ級のマグロが来ると、私と秀とチョフさんで解剖して、生を抜いて並べていました。秀は解剖が上手い人の手直しまでしているので立派なものです。秀とはよく寝台でも話をしました。「秀、なんかビデオ貸して」と頼むと、「おう！　トップガンでいいかい？」と言って快く貸してくれました。

宮古はよくハンドルに行っていて、船長に「舵の取り方がおかしいら」とか詐りながら文句を垂れていました。秀とも宮古とも仲良くなり、よく3人で遊びながら働いていました。この2人がいなかったら1年という長期の航海はつらかったと思います。

マグロ漁船の最後の航海でこんなにいい思いをさせてもらうとはありがたいと思ったものですが、さすがに1年の航海では陸が恋しくなってきました。

長いけれど楽しい航海

ハワイ沖で暑い中、水平線しか見えないところに何やら島のようなものが見えました。

「なんやあれ？　海鳥がいっぺいる」

「あれはクジラだな。あんなデカいの殺したヤツがいるんだな」

船員さんに教えてもらいました。神秘的な光景で、思わずぞっとしました。映画『LOST』のような、この世のものとは思えない景色でした。

シャチやイルカはしょっちゅう目にしますが、200キロくらいのクロカワカジキが飛んできたときも迫力満点でしたが、クジラを見ることはなかなかありません。一度船の横を並走して泳いでいたときは、ちょっとした島かと思いました。怖いので早く通り過ぎてくれと思っていました。

こうした出会いも遠洋マグロ漁の醍醐味ですね。

長い長い1年航海は無事に終わりました。

船は燃料補給のためにハワイへ向かい、船員たちは上陸して1泊しました。私にとってはこれで4回目のハワイです。

今回は仲のいいチョフさんと秀と3人でクラブに行きました。チョフさんがハワイの嫁と呼んでいるママがやってきました。綺麗な人で、チョフさんとは長年連れ添った夫婦みたいな雰囲気を出していました。

このママの紹介で、女の子が2人やって来ました。売春組織の台湾の女性です。1人はショートカットの美人で、こちらは秀につきました。ささやくように秀に声をかけました。

「秀、やったな！」

「お、おう！」

そういえば秀には彼女がいたような気もしましたが、あまり覚えていないので触れないでおきます。私には少し大柄でキレイめな女性がつきました。

女の子2人は仲良しで、同じ敷地に暮らしているようです。

私と秀と女の子2人が車に乗るといきなり腕を組まれ、頭がクラクラしました。なにせ1年も男だらけのマグロ漁船に閉じ込められていたので、異性に対しての緊張感と解放感で心臓が高鳴りました。やはりエイズが怖かったので、特に何もしませんでした。秀に関してもそのあたりは何も言っていなかったのでわかりません。

この2人の女性が暮らしている場所がとても素敵でした。まさにプライベートビーチにハワイアン音楽にパラソルの下でブルーハワイといった、理想の南の島という感じの素敵なところでした。丸い屋根の家でヤシの木がそこら中に生えていて、リゾートホテルに来たような気分でした。

一晩泊まって、次の日は4人で買い物を楽しみ、船に帰りました。

ちょうど宮古も同じタイミングで船に帰ってきて、「お二人とも、楽しんできたが～」とニヤニヤしていました。

最後の航海は本当に楽しいものでした。チョフさん、秀、宮古の3人には特に感謝しています。一生忘れません。

別れ

龍陽丸での支給額は合計１８８万４０５１円。
船員保険料15万２６００円、
組合費２万２４００円、
送金額１０５万円、
出港費20万円、
免税額２万５５００円、
ホノルル貸付金３万９０６０円、
ホノルル免税額２万２３２９円、
タンカー購入額３万５５００円、
入港費２万円、
電話電報料３５００円、
免税品持ち込み関税２万３７００円、
所得税６万５２８０円、

控除額計１６５万９８６９円、

差引支給額22万４１８２円。

やっと1年の航海を終えて日本の港へ戻りました。親分（船頭）にはお世話になりましたし、もう一度マグロ漁船に乗ることがあったらこの船だと思いました。

秀とも別れを惜しみ、「いつでもここのパチ屋にいるから来いよ」「わかった、会いに行くからね」と約束して別れました。

宮古とも「せー、ありがとう。楽しかったら」「宮古、元気でね」と別れの挨拶

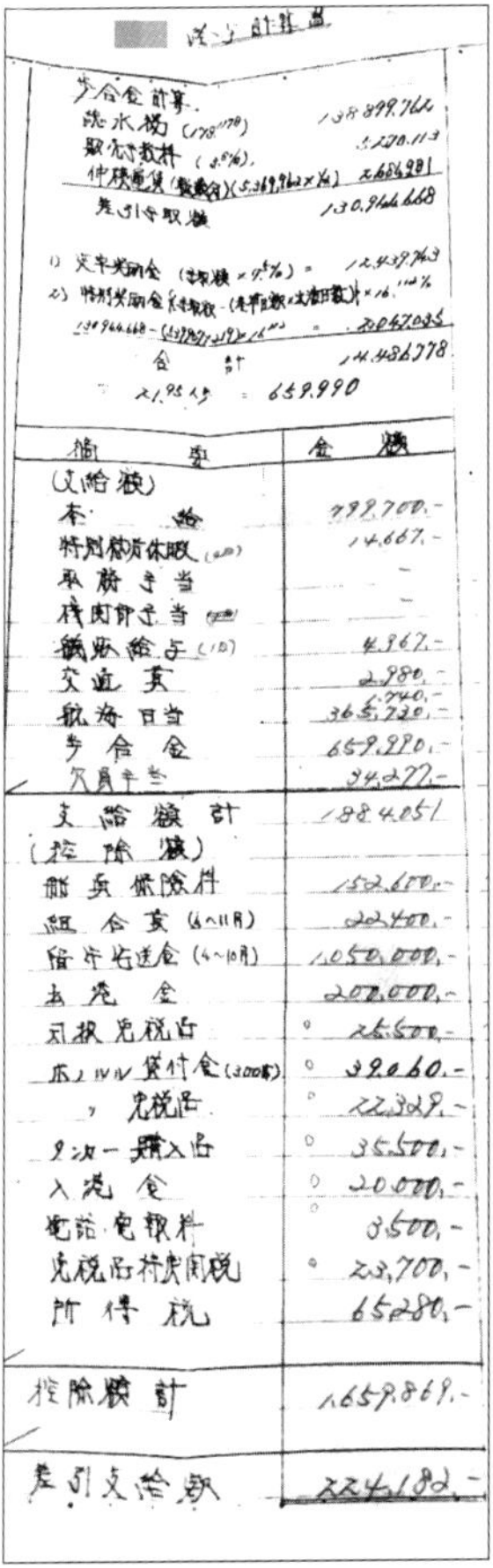
差引計算書

歩合金計算

水揚	138,899,762
販売手数料（3.5%）	5,220,113
差引分配額	130,966,668
1) 奨励金	12,439,763
2) 特別奨励金	2,047,035
合計	14,486,778
÷21.95人分	659,990

摘要	金額
（支給額）	
本給	799,700.-
特別有給休暇	14,667.-
	-
	-
航海日当	365,720.-
歩合金	659,990.-
支給額計	1,884,051
（控除額）	
船員保険料	152,600.-
組合費（4～11月）	22,400.-
前渡金	202,000.-
入港金	20,000.-
電話・電報料	3,500.-
所得税	65,280.-
控除額計	1,659,869.-
差引支給額	224,182.-

龍陽丸の給与明細

を交わしました。

オヤジが港までセドリックで迎えに来たので、チョフさんを紹介しました。

「父ちゃん、チョフさんだよ。世話になったんだ」

「チョフさん、せーは言うこと聞かねえから大変だったでしょう?」

「いえいえ。せー坊ちゃんとは友達でしたから」

私は涙を流しながら感謝を伝えました。

「チョフさん、本当にありがとうございました」

一番長い航海でしたが、本当に楽しかったです。

家に帰り、いつものようにお袋の手料理を味わいました。武勇伝を語りながら酒を飲みましたが、オヤジはニコニコしながら話を聞いてくれました。

お袋も笑って私をねぎらってくれました。

「お疲れさんね」

「うん」

やっと終わった、と思うと同時に、気持ちがスッと楽になりました。

自由だ。そう思えるくらいに。

おわりに

これで私のマグロ漁船員としての仕事は終わりました。

私が船を降りたあとも20年以上、我が家の借金は残っていました。オヤジも期間工として働くなどさまざまな努力をしていたのですが、結局私が45歳くらいのときに自己破産し、借金はなくなりました。私も大変でしたが、両親も大変な苦労をしていたのだと思います。

あと3年くらい漁船に乗れば船長の資格が取れるとかオヤジに言われていましたが、こんな仕事を生業にはできないと思うことがほとんどでした。自分としてはよくやったと思います。

やるからには少しでも箔をつけて一流の仕事がしたいと思って遠洋延縄漁にもチャレンジしましたが、実力的にはまだまだです。私の実感としては、中途半端なところで終わったと思います。まだまだ極めるべき仕事はありましたが、もうこれ以上は乗れないと思い、陸に上がることにしました。

マグロ漁船には都市伝説があり、「借金のカタに乗せられる」という話はよく聞きますが、たしかに現実にあります。私もある意味そうでした。闇金業者やヤクザに無理やり乗せられたというわけではありませんが、借金返済のために乗ったのは間違いありません。

ただ、借金がなければ乗っていません。借金があったから、両親のために乗りました。でも両親には良くしてもらったので感謝しています。恨んでなどいません。家族一丸となって戦ったという感じがしました。

しかし、マグロ漁船の過酷さはここまで述べた通り相当なもので、漁船員を辞めてからも30年くらいは夢に出てきました。停泊していた港からすでに船が出てしまって帰れない。船のエンジン音と波しぶきにうなされる。そんな悪夢を見ることがあったので、自分の中では相当トラウマになっているのだと思います。それでも、私は3年間マグロ延縄漁に果敢に挑戦したことを誇りに思います。

そして、いつも支えてくれたお袋とオヤジに感謝しています。乗船中に亡くなったおじいさんにも感謝しています。オヤジは3年前に亡くなりましたが、私がこの本を書くことを誰よりも喜んでくれていると思います。お袋にも今まで親孝行らしいことが何もできていないので、これから親孝行していきたいです。

この本を書くことができたのは、私と関わりを持ってくれた多くの方々のおかげです。この場をお借りして感謝の言葉を伝えたいです。

YouTube チャンネルの裏社会ジャーニーに出演させてくださったプロデューサーの草下シンヤさん、丸山ゴンザレスさんからの勧めで、本を書かせていただくことになりました。このお2人との出会いが私の新しい人生の始まりになりました。お2人には大変感謝しております。

それから、私が YouTube チャンネルを始めてからずっと支えてくれて、本のお話が来たときも背中を押して支えてくれた妻の愛にも感謝したいです。

そしてこれをご覧になっている皆様、最後まで私の本を読んでいただき、大変感謝しております。これにて私が歩んだマグロ漁船員としての体験談を終わりにしたいと思います。本当にありがとうございました。

2022年8月　菊地誠壱

【著者略歴】
菊地誠壱（きくち・せいいち）
1970年、宮城県生まれ。1987年、親の借金のためマグロ漁船に乗せられる。20歳で3年間のマグロ漁船勤務を終了し下船。期間工勤務を経て、21歳で家電量販店に就職し、30歳で店長に就任。2019年にYouTubeチャンネル「元マグロ漁船員チャンネル」を開設し、船の上での日常やブラック労働の実態など、マグロ漁船員の知られざる裏話を紹介している。

借金を返すために
マグロ漁船に乗っていました

2022年10月13日　第一刷

著　者　菊地誠壱

発行人　山田有司

発行所　〒170-0005
株式会社　彩図社
東京都豊島区南大塚3-24-4
MTビル
TEL：03-5985-8213　FAX：03-5985-8224

印刷所　新灯印刷株式会社
URL　https://www.saiz.co.jp
https://twitter.com/saiz_sha

　ISBN978-4-8013-0624-0　C0195